区域生态与环境过程系列丛书

城市污泥资源化技术——以印刷电路板业铜污泥为例

涂耀仁　张健桂　著

U0314134

科 学 出 版 社

北 京

内 容 简 介

印刷电路板制造业为电子工业的两大零件制造业之一,其重要性不容忽视,但由于其制程中使用大量化学药剂及特殊原料,衍生许多环境问题,尤以含铜的废水污泥最令人头痛。虽然此类重金属污泥可以通过固化方式处理,但长时间后仍有固化体崩裂致重金属再溶出之虞。因此,如何将有害重金属污泥减量、减容,并进一步资源化以回收有价重金属或作为环境融合的绿色资材,实为国内目前最迫切需要研发与推广的技术。本书针对印刷电路板制造业蚀刻废液所产生的铜污泥,结合酸浸出法、化学置换法与铁氧磁体程序,进行含铜污泥无害化及资源化研究,以期建立一种处理含铜污泥的最适化条件,不仅可减少废弃物的产生量及处理成本,还可进一步将有害事业废弃物转变成具有经济价值的资源化产品,以达到清洁生产及资源再利用之目的。

本书适用于废水处理及触媒焚化技术研究人员、高等院校相关专业的师生,也可供从事废弃物资源再利用的相关科技人员参考。

图书在版编目(CIP)数据

城市污泥资源化技术——以印刷电路板业铜污泥为例/涂耀仁,张健桂著. —北京:科学出版社,2016.7

(区域生态与环境过程系列丛书)

ISBN 978-7-03-049399-6

Ⅰ.①城… Ⅱ.①涂… ②张… Ⅲ.①印刷电路板(材料)–铜污染–污泥处理 Ⅳ.①X758

中国版本图书馆 CIP 数据核字(2016)第 164322 号

责任编辑:许 健 / 责任校对:高明虎
责任印制:谭宏宇 / 封面设计:殷 靓

科学出版社出版

北京东黄城根北街 16 号
邮政编码:100717
http://www.sciencep.com

虎彩印艺股份有限公司印刷
科学出版社发行 各地新华书店经销

*

2016 年 7 月第 一 版 开本:720×1000 B5
2018 年 9 月第十二次印刷 印张:9 1/4
字数:200 000

定价:59.00 元

(如有印装质量问题,我社负责调换)

区域生态与环境过程系列丛书
序　　言

　　"十八大"以来，党中央高度重视生态文明建设。中共十八届五中全会强调，实现"十三五"时期发展目标，破解发展难题，厚植发展优势，必须牢固树立并切实贯彻创新、协调、绿色、开放、共享的发展理念。同时提出：坚持绿色发展，必须坚持可持续发展，推进美丽中国建设，为全球生态安全做出新贡献。构建科学合理的城市化格局、农业发展格局、生态安全格局、自然岸线格局，推动建立绿色低碳循环发展产业体系。推动低碳循环发展，建设清洁低碳、安全高效的现代能源体系，实施近零碳排放区示范工程。加大环境治理力度，深入实施大气、水、土壤污染防治行动计划，实行省以下环保机构监测监察执法垂直管理制度。筑牢生态安全屏障，坚持保护优先、自然恢复为主，实施山水林田湖生态保护和修复工程，开展大规模国土绿化行动，完善天然林保护制度，开展蓝色海湾整治行动。

　　作为我国经济最发达、城市化速度最快的地区，长江三角洲（简称"长三角"）城市群业面临着快速城市化所带来的一系列环境问题。快速城市化的过程常伴随着土地覆被、景观格局的变化而改变了固有下垫面特征，在城市中形成了特有的局地气候，导致城市热岛及极端天气的频繁发生，严重危害人们的生命财产安全。此外，工业化过程所引起的大量化学物质的使用和排放更对区域生态环境造成了莫大的威胁。快速城市化过程中所出现的环境问题，其核心还是没有很好地尊重自然，没有协调人-地关系，没有把可持续发展作为区域发展的最核心问题来对待。因此，我们需要在可持续发展思想的指导下，进一步加强城市生态环境研究，以促进上海及长三角区域的可持续发展。

　　上海师范大学是上海市重点建设的高校，环境科学是上海师范大学重点发展领域之一。1978 年，上海师范大学成立环境保护研究室，开展了长江三峡大坝环境影响评价、上海市 72 个工业小区环境调查、太湖流域环境本底调查和崇明东滩鸟类自然保护区生态环境调查等工作，拥有一批知名的环境保护研究专家。经过三十多年的发展，上海师范大学现在拥有环境工程本科专业、环境科学硕士点专业、环境科学博士点专业和环境科学博士后流动站，设立有杭州湾生态定位观测站等。2013 年，上海师范大学为了进一步加强城市生态环境研究，成立城市发展研究院。城市发展研究院将根据国家战略需求和上海社会经济发展要求，秉承"开放、流动、竞争、合作"原则，进一步凝练目标，整合上海师范大学学科优势，以前沿科学问题为导向，以社会需求和国家任务带动学科发展，构建创新型研究平台，开拓新的学科发展方向，建立国际一流的研究团队，加强国际科研合作，更好地为上海建设现代化国际大都市提供智力支撑。城市发展研究院将重点在城市遥感与环境模拟、城市生态与景观过程、城市生态经济耦合分析等领域开展研究工作。通过城市发展研究院的建立，充分发挥上海师范大学在地理、环境和生态等领域的学科优势，将学科发展与上海城市经济建设和社会发展紧密结合，进一步凝练学科专业优势和特色，通过集成多学科力量，提升上海师范大学在城市发展研究中的综合实力，力争使上海师范大学成为我国城市研究的重镇和政府决策咨询的智库。

该丛书集中展现了近年来城市发展研究院中青年科研人员的研究成果，既涵盖了城市污泥资源化的先进技术、新兴污染物的迁移转化机制及科学数据应用于地球科学的挑战，也透过中高分辨率遥感与卫星遥感降水数据，分析极端天气的变化趋势及变化区域，通过反演地表温度，揭示城市化过程中地表温度的时间维、空间维、分形维的格局特征，定量分析了地表温度与土地覆被、景观格局、降水和人口的相关关系。同时从环境变化和区域时空过程的视角，对城市环境系统的要素、结构、功能和协调度进行分析评价，探讨人类活动影响对区域生态安全的影响及其响应机制，促进区域环境的可持续发展。该系列丛书有助于我们对城市化过程中的区域生态、城市污泥资源化、新兴污染物的迁移转化、滑坡灾害防治、景观格局变化、科学数据共享、环境恢复力以及城市热岛效应等方面有更深入的认识，期望为政府及相关部门解决城市化过程中的生态环境问题和制定相关决策系统提供科学依据，为城市可持续发展提供基础性、前瞻性和战略性的理论及技术支撑。

上海师范大学城市发展研究院院长

院士

2016 年 6 月于上海

前　　言

　　"印刷电路板"（printed circuit board，PCB），又称"印刷线路板"，是电子元器件电气连接的提供者，更是各种电子产品最基础的零件，素有"电子工业之母"称号，其荣枯与全球电子工业的兴衰息息相关。据统计，2014 年中国大陆 PCB 产值达 185 亿美元，占全球 PCB 总产值的 36.3%。自 2006 年起，中国已超越日本成为全球最大的 PCB 生产基地，亦是全球 PCB 产值最大、增长最快的地区，更成为推动全球 PCB 行业发展的主要动力。在全球信息、通信工业持续成长的背景下，印刷电路板工业的发展前景是大有潜力的，但随着近年来环保问题逐渐受到重视，中国在 PCB 制造方面以代工为主，生产线具有从低端制造业起步、逐渐向高端产品发展的特点，导致其所带来的环境问题更具累积性、严重性和突出性，面对我国对工业节能减排、增产不增污等政策指令的实施，电路板工业的污染问题更加受到各界关注，PCB 行业发展将面临巨大挑战。

　　由于印刷电路板的制程繁复，在制造过程中使用各种化学药剂及特殊原料，其所产生的废水、废气及废弃物等污染问题，对于环境有极大的危害性，处理和处置上均相当困难，尤以废弃物问题最令业者头痛。目前电路板工厂所产生的废弃物多为废水污泥及废板边料两类，其共同特性为溶出毒性有害事业废弃物。据不完全统计，印刷电路板固态污染物以废水污泥占最大宗（约 53%），主要以委托代清除处理业者进行处理，且以固化为主要的处理方式，但长时间内仍有固化体崩裂使得重金属再溶出的疑虑。故针对废弃物的回收及再生问题，如何研拟适当的处置方法，实为印刷电路板业所面临的重要课题。

　　据统计，每年 PCB 行业的耗水量可达 6 亿 m^3，产生的蚀刻废液达 110 万 m^3，每立方米约含铜 145kg，PCB 行业废水处理过程中产生的含铜污泥达 60 万吨。如此大量的 PCB 行业废水、蚀刻废液、含铜污泥如何有效处理，直接关系到 PCB 行业的环境治理效果及行业今后的发展。此外，产生的废弃污泥中所含重金属种类多以铜、铅、锌及镍为主，且以含铜污泥为最大宗。由于有害重金属污泥的产源均属于民生必需工业或高科技产业，未来废弃量势将有增无减。因此，如何将有害重金属污泥减量、减容，并进一步资源化以回收有价重金属或作为环境融合的绿色资材，实为目前最迫切需要研发与推广的技术。

　　传统的重金属污泥资源化方式多为物化处理技术，其中又可分两大类，第一类为分离污泥中的重金属成分并回收有价金属，相关技术有 MR3 金属湿式回收技术、置换电解技术、化学置换技术、高温熔融技术、氨浸/酸浸萃取技术；第二类则是将其固定化，作为其他用途，如改造塑料制品、发泡炼石及陶瓷颜料等。但这些重金属污泥资源化方式有些因技术成本过高，有些则因资源化产品附加价值过低，无法成为市场主流技术而进一步推广。

铁氧磁体程序（ferrite process，FP）已被用于处理含重金属的废水多年，相关研究已指出，此法不仅能将法规中所管制的重金属捉附于尖晶石结构中，其产生的污泥亦符合毒性特性溶出程序（toxicity characteristic leaching procedure，TCLP）标准。相较于传统的中和沉淀法，铁氧磁体程序所产生的污泥不但易于固液分离且无须后续固化程序，可节省诸多处理成本。此外，铁氧磁体程序所产生的污泥因具有尖晶石结构，允许各种价数的金属离子填入特定的位置，此一特性在调整触媒/吸附材性质上十分有用，除可有效达成污泥中重金属资源回收再利用目的，更对国内各层次的工业发展有重要意义，使我国工业迈向永续经营，增强我国产业技术在国际间的竞争力。

本书适用于废水处理及触媒焚化技术研究人员、高等院校相关专业的师生，也可供从事废弃物资源再利用的相关科技人员参考，全书共分为四篇14章，第一篇（第1章）介绍了印刷电路板的现况、制造流程，以及印刷电路板产业的重金属废弃物/废水来源、特性及处理方式；第二篇（第2章～第5章）简单列举了现今重金属污泥资源化主流技术；第三篇（第6章～第10章）详述了由污泥产制高效能触媒的方法与催化参数优化程序；第四篇（第11章～第14章）阐述了污泥产制选择性吸附材的方法与其应用于移除水体重金属（如砷）的技术发展，最终进行污泥产制选择性吸附材的综合评价。

本书得以完成，除了要感谢诸多专家学者给予的宝贵建议外，还需感谢科技部国家重点研发项目（编号：2016YFC0502726）、上海市高峰高原学科建设项目及上海师范大学科研项目（编号：SK201614）在经费上的支持，同时要特别感谢学生蒲雅丽、曹双双对全书的细心校阅，由于作者才疏学浅，虽尽最大努力，书中仍难免有疏漏及错误之处，还望读者不吝指教，批评指正。

涂耀仁、张健桂

2016年3月于上海

目　　录

第四篇　污泥产制选择性吸附材

第一篇　印刷电路板制造业

第1章　印刷电路板制造业的现况

1.1　印刷电路板制造业简介

印刷电路板（printed circuit board，PCB）制造业是集合光学、电学、化学、机械、材料与管理科学的综合工业，从计算机到电子玩具，几乎所有的电子产品中都能见到其踪迹。随着近年来信息电子产业的飞速发展及政府的大力推动，印刷电路板产业也蓬勃发展，在整个电子产业中扮演着极为重要的角色。数据显示，世界电路板工业年均增长率为8.7%，中国的该项增长率更是达到14.4%，截至2014年，中国PCB总产值已经超越日本，成为全球最大的PCB生产基地。

毋庸置疑，印刷电路板是电子工业的基础，是各种电子产品的核心部件，也是当今世界被普遍使用的电子组件，在各个电子领域中电路板均被广泛运用。其基本结构由基板强化材料绝缘层、金属铜导电层和高分子黏结树脂材料层组成。从材料组成来看，废弃印刷线路板中含有的金属、塑料、玻璃纤维等物质都是有用的资源，尤其是其所含金属品位很高，相当于普通矿物中金属品位的几十倍至几百倍，具有很高的回收利用价值。基板材料也可以回收用于涂料、铺路材料或塑料制备的填料等。印刷电路板也还含有重金属和卤素阻燃剂等有害物质，这也给废弃印刷电路板的回收处理带来了很大的困难，这些物质如果得不到妥善处置，不仅会引起新的环境污染，而且会造成资源的严重浪费。因此废弃印刷电路板的合理处置与资源化回收成为电子废弃物回收利用的关键技术之一。

以中国为例，仅中国大陆每一年就有超出50万吨的废弃电路板需要处理，这其中包括了在加工生产中产生的近10万吨电路板废弃材料。随着科学技术的发展与革新，电子产品更新速度越来越快，电子产品的使用寿命会相应缩短，这将使电子废弃物的数量呈直线增长之势。相关数据显示，欧美等国家和地区产生的电子垃圾80%都被装进集装箱出口运到了印度、中国和巴基斯坦，其中中国又占了90%。而废弃印刷电路板在电子废弃物中所占的比重为8%左右。可见伴随电子废弃物产生的废弃印刷电路板的数量同样十分惊人。

1.2　印刷电路板制造方法及流程概述

印刷电路板是依各家厂商不同需要而设计出不同的电子线路，再将连接电子零件的线路绘制成电子线路图，应用印刷、照相、蚀刻及电镀等技术于印刷电路板上制造出所需的精密电子线路，便可成为支撑电子零组件的基板与各电子零组件间电路流通的桥梁。其主要的功能是将各项电子零件以印刷电路板上的电子电路连接，发挥各项电子零组件的功能，以达到信号处理的目的，因此印刷电路板设计与制造质量的良窳，不但会直接影响其所应用电子产品的质量，亦可左右系统产品的整体性能及竞争力。

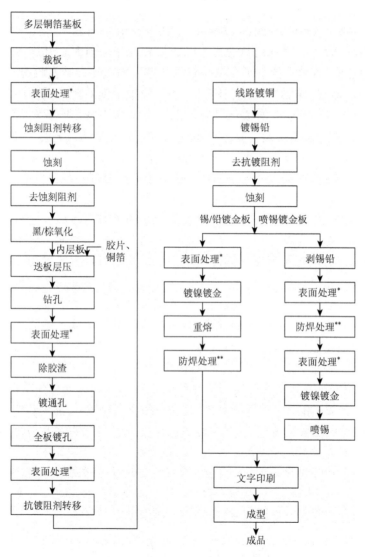

图 1-1 印刷电路板典型多层板制造流程

* 刷磨；** 加防焊绿漆

印刷电路板在制造方法上,可概分为减除法(subtractive)及加成法(additive),前者以铜箔基板为基材,经印刷或压膜曝光、显像的方式在基材上形成一个线路图案的感旋光性干膜阻剂或油墨,以形成电子线路的方法;后者则采用未压覆铜箔的基板,以化学铜沉积的方法,在基板上欲形成线路的部分进行铜沉积,以形成导体线路。另外还有将上述两种制造方法折中改良的局部加成法(partial additive)。

由于各厂生产方向及硬件规模不尽相同,在制造流程上亦有所差异,对典型多层板制程而言,其制程包含裁板、迭板层压、钻孔、成型裁边、内层刷磨、内层蚀刻、显像、黑/棕氧化、去毛边、除胶渣、镀通孔、全板镀铜、外层刷磨/显像、线路镀铜、镀锡铅、防焊绿漆、前处理刷磨、防焊绿漆显像、镀镍镀金、喷锡前/后处理、成型清洗及绿漆褪洗等。由制程的繁杂足见其使用物料及产生废弃物均呈多样性。图 1-1 即为典型的多层板制造流程。

1.3　印刷电路板产业废弃物的特性及处理方式

印刷电路板业由于制程复杂,产生的废弃物相对较多,目前产生量较大且仍具资源回收潜力者为"废板边料"及"废水污泥"两类。废板边料主要由制程中裁板、压膜、制板、剥膜、层压、钻孔、刷磨、成型等单元所产生;废水污泥则由废水处理而产生,其共通特性为重金属溶出有害事业废弃物。此外,废板边料经不当燃烧可能产生含溴的有害性气体,而电路板业废水污泥中所含的有害重金属则为铜和铅,其中铜主要来自于蚀刻、酸洗、刷磨及水洗等程序,而铅则来自于镀锡铅、剥锡铅及水洗等程序。电路板工厂所产生的废弃物种类固然繁杂,但部分仍具极高的经济价值,如硫酸铜、铜箔、铜粉、铝板及锡铅渣等,由原料提供厂商或废金属回收厂商进行收购,部分数量较少且属一般事业废弃物者,业者通常并无分类储存而是径行卫生掩埋处置。

1.4　高浓度重金属废液及废水的特性及处理方式

印刷电路板制程中所排放的各类高浓度废液及废水,由于性质迥异且污染浓度相差甚多,若将这些废液及废水混合收集处理,不但因水质剧烈变化及成分复杂相互干扰而难以处理,更造成资源的浪费。表 1-1 所示为典型电路板制程中各单元使用物料及定期排弃槽液污染特性,归纳其共通特性为高浓度 COD 或重金属铜、铅污染。若将此股废水不经任何特定收集系统而直接排入废水处理设施将会造成废水水质剧烈变化而增加处理的成本,所以有必要单独将各制程单元所排放的废水进行收集处理。

表 1-1　各类型电路板制程单元使用物料及定期排弃槽液污染特性

制程单元	步骤	槽液成分	污染浓度		
			COD/(mg/L)	Cu²⁺/(mg/L)	Pb²⁺/(mg/L)
外层蚀刻	蚀刻	氨水/氯化铵	—	100 000~150 000	—
剥锡铅	剥锡铅	氟化铵、硝酸、双氧水	20 000~25 000	1 000~1 500	10 000~15 000
喷锡	酸洗	5%硫酸	10~50	15 000~20 000	—
	助焊剂涂布	卤化有机物	极高	50 000~100 000	—
剥挂架		硝酸	3 000~5 000	—	15 000~25 000
全板镀铜、线路镀铜及镀锡铅	微蚀	硫酸/双氧水	—	2 000~20 000	—
		过硫酸钠	—	2 000~20 000	—
		过硫酸铵	—	2 000~20 000	—
黑/棕氧化	微蚀	硫酸/双氧水	—	2 000~20 000	—
		过硫酸钠	—	2 000~20 000	—
		过硫酸铵	—	2 000~20 000	—

表 1-2 为典型电路板厂废水及废液种类与处理方式，根据各股废水的特性，可将电路板厂废弃的废液分为酸性高浓度废液、碱性高浓度废液、化学铜废液及废水、氨系废液及废水、显像去墨（膜）废液、氟硼酸废液及废水、铬系废液及废水、高浓度重金属废液、制程中的刷磨废水及一般清洗废水，分别归为 A~J 类，其中，H 类废水中主要为含铜离子的蚀刻废液、高浓度重金属废液及剥锡铅废液。

表 1-2　电路板工厂废水、废液的分类原则及处理方式

类别	名称	处理方法
A 类	酸性高浓度废液	集中收集储存，定量纳入 J 类废水处理系统处理
B 类	碱性高浓度废液	集中收集储存，定量纳入 J 类废水处理系统处理
C 类	化学铜废液及废水	利用酸硫亚铁处理、铝催化还原法或铁催化还原法进行前处理去除铜离子后，再纳入 E 类废水生物处理系统中处理或纳入 J 类废水处理系统处理
D 类	氨系废液及废水	1. 采用硫化物沉淀法先行去除铜离子后，再纳入 E 类废水生物处理系统中作为氮营养剂或纳入 J 类废水处理系统处理； 2. 利用折点加氯法先行去除氨氮后再纳入 J 类废水处理系统处理
E 类	显像去墨（膜）废液	1. 采用酸化及化学混凝沉淀后，再纳入 J 类废水处理系统处理； 2. 经酸化及化学混凝沉淀前处理后再进行二级生物处理，以降低 COD 浓度，再纳入 J 类废水处理系统处理
F 类	氟硼酸废液及废水	低浓度清洗水采用离子交换法处理，高浓度废槽液及树脂再生废液则采用高温或常温铝盐-石灰处理法进行前处理，以分解去除氟硼酸，再纳入 J 类废水处理系统处理

类别	名称	处理方法
G 类	铬系废液及废水	利用亚硫酸盐还原法将六价铬还原成三价铬后，再纳入 J 类废水处理系统处理
H 类	高浓度重金属废液	1. 经由药液供货商回收处理； 2. 交由代处理业处理
I 类	刷磨废水	经铜粉回收机回收铜粉，废液再纳入 J 类废水处理系统处理
J 类	一般清洗废水	利用中和沉淀法去除废水中重金属离子

至今，业界仍以化学混凝沉淀方式作为此类废水处理的主要方法，其优点为成本低廉且操作简易，但缺点是产生庞大的含铜污泥待后续处理。此外，此类含铜污泥因无法通过毒性特性溶出程序而被判定为有害事业废弃物，其主要处理方式仍以固化、掩埋为主，不仅处理费用高且有固化体再崩裂的疑虑。综上所述，由于印刷电路板废弃物以含铜废水污泥占最大宗，故本书研究以资源化废水污泥中的重金属为目标，以期建立一套资源再利用的技术平台，对环境保护略尽绵薄之力。

第二篇　重金属污泥资源化技术

第 2 章　重金属污泥资源化主流技术

一般来说，重金属污泥资源化技术主要包括 MR3 金属湿式回收技术、置换电解技术、化学置换技术、高温熔融技术、氨浸萃取技术、酸液浸提氧化还原技术，现将各重金属污泥资源化技术简述如下，并整理如表 2-1 所示。

（1）MR3 金属湿式提炼回收技术（hydrometallurgical process）是一种结合高亲和力的抓取金属、精炼金属、处理废弃物的整体处理系统，能应用在各种含金属的工业废弃物和含重金属废液、废水及污泥有价金属的回收中。此技术在美国发展已有一段时间，其优点为针对各种不同特性的金属废水均可有效回收处理，目前在美国已设置资源化回收厂进行商业化运转。

（2）置换电解技术为结合浸渍、置换、电解及结晶等湿式冶金单元回收污泥中金属成分的有效方法，以酸碱液进行浸渍，经过滤后再以置换、电解及结晶方式回收金属。

（3）化学置换技术是借由牺牲所添加的金属以取代溶液中欲去除或回收的金属离子，本质上为一种固、液相间的反应。反应主要通过两反应物间电子传送的氧化还原反应而实现。

（4）高温熔融技术系利用高温将重金属污泥予以还原熔解而回收污泥中的有价金属，此法在日本已有商业化的实厂运转。

（5）氨浸萃取技术早在 1970 年已有文献记载，而最近十年中国大陆才有实厂运转的相关文献，吕庆慧等（1995）以此法利用碳酸铵及氨溶液将铜、镍、锌自电镀污泥中浸渍分离，其中，铜的浸渍率可达 94%、镍的浸渍率可达 82%、锌的浸渍率可达 92%。

（6）酸液浸提氧化还原技术是将含铜污泥先以酸液溶解后，于含铜液中加入氢氧化钠，使其形成氢氧化铜及氢氧化铁等物质，调整 pH 后，于反应槽中再加入过氧化氢等氧化剂，使其形成氧化铜及氧化铁的沉淀。由于本技术回收的氧化铜含铜量约为 40%，故可作为制造硫酸铜或炼铜的原料。

目前虽然已有许多商业化的重金属污泥资源化技术，但仍有其执行困难之处。例如，置换电解技术由于程序甚为复杂，且易因不同污泥成分而受到影响；高温熔融法虽具有可回收金属及钝性玻璃残渣的优势，但因其设备过于昂贵，导致业者投资意愿降低；酸液浸提氧化还原技术虽可回收含铜量约为 40% 的氧化铜，但因此法为循环利用制程，废酸溶液仍有二次污染问题之虞。综上所述，为解决实厂所面临的诸多问题，本研究设计一套结合酸浸出法、化学置换法及铁氧磁体程序的技术平台，测试此串联技术对重金属污泥资源化的成效，以下章节将对酸浸出法、化学置换法及铁氧磁体程序的相关理论原理进行简述。

表 2-1　重金属污泥资源化技术

资源化技术	原理及方法	特点	成品
MR3 金属湿式回收技术	将含金属成分的固态或液态原物料输入 MR3 处理系统之内，以特制的吸附体抓取截留目标金属，直到需分离的金属从萃取液中移除为止	1. 高亲和性； 2. 特殊性和选择性； 3. 稳定且处理容量高； 4. 处理过的水溶液无毒害，亦不存在有毒成分	硫酸锌、硫酸铜、各类金属或其他金属硫酸盐
置换电解技术	结合浸渍、置换、电解及结晶等湿式冶金单元回收污泥中金属成分	1. 以电解法处理之后即可回收锌； 2. 剩余的碱液亦可回收再利用； 3. 回收阴极铜的纯度可达99%	锌、硫酸钙、硫酸铅、硼酸、铜、氢氧化铬、硫酸亚铁、硫酸镍
化学置换技术	将污泥中所含重金属成分加酸溶解后，再利用氧化还原电位差原理，借由铁粉置换溶液中的铜离子	1. 可得纯度很高的各类元素； 2. 浸渍液可回收连续使用	银、铅、硫酸钙、硫酸铅、铜、氢氧化铬、硫酸亚铁
高温熔融技术	利用高温将重金属污泥予以还原熔解而回收污泥中的有价金属	1. 铜、镍含量需高于10%； 2. 氯氢化合物含量要低于1000mg/L； 3. 不能含有 Hg、F	铬、镍、锌、镉、铜、铁
氨浸萃取技术	利用碳酸铵及氨溶液将铜、镍、锌自电镀污泥中浸渍分离	1. 具有缓冲能力； 2. 氨、硫酸、萃取剂等可于制程内回收	铬黄、氧化铁、硫酸铜、硫酸锌、硫酸镍
酸液浸提氧化还原技术	将含铜污泥先以酸溶解，于含铜液中加入氢氧化钠，使其形成氢氧化铜及氢氧化铁等物质，调整 pH 后，于反应槽中再加入过氧化氢等氧化剂形成氧化铜及氧化铁的沉淀	本技术回收的氧化铜含铜量约为 40%，可作为制造硫酸铜或炼铜的原料	氧化铜

第3章 酸浸出法

含金属污泥的酸性浸出是将污泥与酸性液体相接触，采用化学方法将污泥中的重金属转移到液相中，使目标金属与杂质分离，最后以金属单质或者化合物的形式回收目标金属的过程。常用的酸性浸出剂有硫酸、盐酸、硝酸和酸性硫脲，有时也用氢氟酸、王水。

"酸浸出"为一种以酸液作为溶剂将金属元素由固态溶解至液态的程序，大多应用于无机废弃物中，用以回收铜、铅、镍、锌、银及镉等重金属，常用的溶剂为硫酸。溶剂的选择包括硫酸、硝酸、盐酸、氢氟酸、王水等，以硫酸为例，其主要反应如式（3-1）所示：

$$Mn(OH)_2 + nH^+ \longrightarrow Mn^{n+} + H_2O \tag{3-1}$$

可溶解于溶液中的固体化合物含量的多寡可借由溶解度及溶度积的概念说明，溶解度是指固体化合物可溶解于水中的最大量，溶度积为固体化合物溶解于水中达平衡时，其组成离子间浓度的关系，如式（3-2）所示：

$$A_xB_y(s) \longrightarrow xA^{y+} + yB^{x-} \tag{3-2}$$

其平衡常数

$$K_{sp} = \frac{\{A^{y+}\}_{eq}^x \{B^{x-}\}_{eq}^y}{\{A_xB_y(s)\}_{eq}} \tag{3-3}$$

式中，{}表示固相的活性度。

固相的活性度可视为定值，这是因为饱和溶液中仅固体表面与离子的平衡有关，且达到平衡时，离子离开固体表面的速率与溶液沉淀的速率相等。

所以

$$K_{sp} = [A^{y+}]_{eq}^x [B^{x-}]_{eq}^y \tag{3-4}$$

由于大多数重金属氢氧化物的溶解度很小，因此在处理此废水时，常以添加碱剂的方式调整废水的酸碱值在碱性范围，以产生不溶性金属氢氧化物沉淀，达到与废水分离的目的。

Jandova 等（2000）利用 H_2SO_4 浸渍含铜污泥，结果发现利用 1N（当量浓度）硫酸、反应温度 60℃进行浸渍实验，铜浸出率可达 85%以上。

蔡敏行等（2002）针对电路板厂含重金属污泥进行资源化的研究指出，以 2N 硫酸进行浸渍，铜可以达到 85%的回收率。

廖启钟等（2002）针对含铜污泥电解回收的研究指出，以 60mL 浓盐酸/33g

干污泥、搅拌时间 2h 或 10mL 浓硫酸/33g 干污泥、搅拌时间 2h，皆可完全溶出重金属。另外，将酸化滤液以电解方式回收铜，结果显示，电流密度越高电流效率越佳。并指出经盐酸酸化的滤液不适合以电解方式回收铜，而经硫酸酸化的滤液可以利用电解方式回收铜，镀铜质量受溶出液中其他杂质影响。

吴忠信等（2003）曾以五种酸液（柠檬酸、乙酸、盐酸、硝酸及硫酸）萃取含铜的工业污泥，实验结果发现，在所选取的萃取剂中，萃取能力大小为硫酸＞硝酸＞乙酸＞柠檬酸＞盐酸，且铜的萃取率随着硫酸浓度的增加而增加，在硫酸浓度为 1N、萃取时间为 60min 的条件下，铜的萃取率可达 85%。

Sethu 等（2008）进行了利用 HCl 和 H_2SO_4 浸出工业污泥中 Cu 的实验研究。结果表明，在 110℃ 的条件下，10mol/L 的 H_2SO_4 经过 4h 浸出，Cu 的浸出率可达 95%。

李盼盼等（2010）阐明了 H_2SO_4 浸出工业污泥中 Cu、Ni 的浸出效率。结果表明，于每 2g 粒径为 0.15mm 的污泥中，加入 10mL 体积分数为 10% 的硫酸，常温下浸出 0.5h，Cu 和 Ni 的浸出率均可达 95% 以上。

Tsai 等（2009）对电解和蚀刻产生的含金属污泥采用硫酸浸出金属，然后用体积分数为 28% 的氨水调节 pH，选择性沉淀杂质金属，最后采用电解回收的方法处理含金属污泥。其中，酸性浸出中 Cu 和 Ni 的浸出率分别可达 95.95% 和 93.04%。

郭学益等（2011）采用硫酸浸出—硫化沉铜-二段中和除铬-碳酸镍富集工艺，通过控制碳酸钙的加入量调节 pH，并采用二段除铬的方式，降低了 Ni 的损失，从电镀污泥中回收 Cu、Cr 和 Ni，回收率分别可达 98%、99% 和 94%。

王春花等（2013）利用硫酸酸浸—铜镍分离—净化除杂—沉淀制取硫酸镍的工艺从电镀污泥中回收铜和镍，之后通过镍铬的净化除杂，再经由过滤、沉淀等工序制取粗品硫酸镍。在硫酸浸出铜的基础上，重点研究了硫化钠沉淀法和铁粉置换法选择性分离铜的效果。实验结果表明，硫化钠沉淀法对铜和镍的分离效果较好，在硫化钠加入量为理论需求量的 1.2 倍、温度为（60±1）℃、硫化钠沉淀时间为 30min 的条件下制得的硫酸镍产品中镍的质量分数为 18%，Ni 的回收率达 80% 以上，Cu 的回收率达 90% 以上。

然而，研究表明酸浸法的浸出率高、成本低，但对金属的选择性较差。虽然通过一定的工艺改进可以解决酸浸法选择性浸出的问题，但却引出了工艺过于复杂、过程难以控制和环境经济指标差等新问题，且目前酸浸法对主要有价金属 Cu、Ni、Zn 的选择性效果较好，而对于其他有价金属和杂质金属（Cr、Fe 等）的选择性较差。工业应用上要重点解决工艺流程对目标金属的选择性及其浸出效果的问题。

第4章 化学置换法

4.1 化学置换法定义

化学置换法是以一种具电正性（electro-positive）的金属固体作为牺牲金属，将具电负性（electro-negative）的金属离子还原置换出来，使其在牺牲金属表面以固相形式析出，回收溶液中重金属的方法。

化学置换反应不仅可将水溶液中的重金属去除，同时亦能回收溶液中的有价金属，其优点为成本低廉且易于控制。置换法是借由牺牲添加的金属以取代溶液中欲去除或回收的金属离子，本质上为一种固、液相间的反应，反应主要通过两反应物间电子传送的氧化还原反应而达成，反应电位即反应驱动力。有关金属标准氧化还原能力从负到正的顺序如下所示：

K＞Na＞Ba＞Ca＞Mg＞Al＞Mn＞Zn＞Cr＞Fe＞Cd＞Co＞Ni＞Sn＞Pb＞H＞Cu＞Ag＞Pt＞Au。

从热力学的观点来看，左边的金属能在水溶液中置换右边的金属，电位差越大越易达到置换效果。据文献指出，铁或铝为常用的牺牲金属。其中，颗粒状铁粉或铝粉反应速率较圆盘状快，因为颗粒状牺牲金属表面积大，所能提供的活化位置多，能促进反应的进行。本研究采用铁粉作为牺牲金属以置换溶液中的铜离子。化学置换反应的驱动力（driving force）为氧化还原反应的电位差，其反应式如式（4-1）所示：

$$n M_{(1)}^{m+} + m M_{(2)} \longrightarrow n M_{(1)} + m M_{(2)}^{n+} \tag{4-1}$$

式中，$M_{(1)}^{m+}$ 为液相待还原金属离子；$M_{(2)}$ 为固相牺牲金属；m，n 为化学计量系数。

式（4-1）主要由氧化和还原两个半反应所组成，如式（4-2）及式（4-3）所示：

氧化反应（阳极）：

$$m M_{(2)} \longrightarrow m M_{(2)}^{n+} + mne^- \tag{4-2}$$

还原反应（阴极）：

$$m M_{(1)}^{n+} + nme^- \longrightarrow m M_{(1)} \tag{4-3}$$

本研究所选定的系统为铜-铁系统，其基本化学置换反应及电位如下：

铜-铁系统氧化反应：

$$Fe \longrightarrow Fe^{2+} + 2e^- \quad E^0 = 0.440V \tag{4-4}$$

还原反应：

$$Cu^{2+}+2e^- \longrightarrow Cu \quad E^0=0.337V \tag{4-5}$$

总反应：

$$Fe+Cu^{2+} \longrightarrow Cu+Fe^{2+} \quad E^0=0.777V \tag{4-6}$$

由于水溶液中共存其他成分，故除了上列主反应之外，还可能包含其他氧化还原的副反应发生，可能发生的副反应如下：

$$Fe+2H^+ \longrightarrow Fe^{2+}+H_2 \tag{4-7}$$

$$2Fe+4H^++O_2 \longrightarrow 2Fe^{2+}+2H_2O \tag{4-8}$$

$$2Fe^{3+}+Fe \longrightarrow 3Fe^{2+} \tag{4-9}$$

$$2Fe^{2+}+2H^++1/2\ O_2 \longrightarrow 2Fe^{3+}+H_2O \tag{4-10}$$

$$Cu+2H^++1/2\ O_2 \longrightarrow Cu^{2+}+H_2O \tag{4-11}$$

除了上述主反应及氧化还原的副反应之外，若在硫酸系溶液中加入铁粉进行上述的氧化还原反应，则其反应式如下：

$$CuSO_4+Fe \longrightarrow FeSO_4+Cu \quad E^0=+0.78V \tag{4-12}$$

但实际溶液中，可能同时含有 Fe^{2+} 及 Fe^{3+}，其反应电位能如下：

$$Fe^{3+}+e^- \longrightarrow Fe^{2+} \quad E^0=+0.77V \tag{4-13}$$

故可能在溶液中进行下述平行的反应：

$$Fe+Fe_2(SO_4)_3 \longrightarrow 3FeSO_4 \quad E^0=+1.211V \tag{4-14}$$

若铜因置换反应而析出时，万一再遇到硫酸铁时，则会被再溶解为铜离子，反应式如下：

$$Cu+Fe_2(SO_4)_3 \longrightarrow 2FeSO_4+CuSO_4 \quad E^0=+1.211V \tag{4-15}$$

虽然上述反应分析描述此置换反应较为复杂，但主要的操作变量为 Fe/Cu 物质的量比、pH、转速及温度，只要选择适当的反应条件，则为一种极佳的回收技术。

4.2　化学置换法反应机构

化学置换反应为一种异相反应，主要为溶液中的金属离子与牺牲金属进行置换反应，最终以元素态形式沉积于牺牲金属固体表面，其沉积形态与操作条件有密切的关系。Nosier 和 Sallam（2000）曾提到的置换反应机制如图 4-1 所示，描述如下：

（1）液相待还原金属离子 $M_{(1)}^{m+}$ 从溶液相经过边界层（boundary layer）扩散至

牺牲金属 $M_{(2)}$ 的表面；

　（2）牺牲金属 $M_{(2)}$ 释放电子；

　（3）液相待还原金属离子 $M_{(1)}^{m+}$ 接收电子，并沉积于牺牲金属表面；

　（4）牺牲金属 $M_{(2)}$ 形成 $M_{(2)}^{n+}$，释放至溶液中；

　（5）$M_{(2)}^{n+}$ 穿过边界层达溶液相；

　（6）$M_{(2)}^{n+}$ 扩散至溶液相。

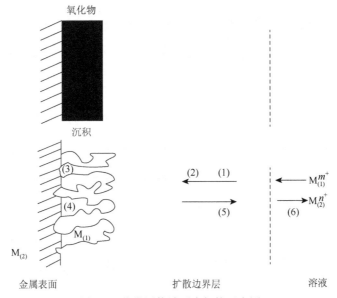

图 4-1　化学置换法反应机构示意图

　　上述反应机制中，通常步骤（1）、（4）及（5）为反应速率的限制步骤。当液相待还原金属离子沉积于牺牲金属表面的同时也占据牺牲金属表面位置，牺牲金属表面活化位置的消失（losing）行为类似触媒的去活化现象。此外，根据 Wei 等（1994）的报告指出，一般在化学置换反应之前，牺牲金属表面会覆盖一层氧化物阻碍反应进行，故在反应进行期间需同时添加化学药剂（如氯离子）及适当加热，如此可破坏牺牲金属表面的氧化物，促进反应的进行。而液相待还原金属离子于固相牺牲金属上的沉积方式及生成的形态也随着操作方式的不同而有所差异，影响因子如牺牲金属添加量、pH、搅拌速率及反应温度。

4.3　化学置换法的影响因子

　　在本节中，就溶液牺牲金属添加量、pH、搅拌速率及反应温度对化学置换反应的影响分别进行探讨，并整理成表 4-1～表 4-4。

表 4-1　影响化学置换法的控制变因（一）

影响因子	水样来源	操作条件	研究发现	作者
pH	模拟废水（Cu/Fe 系统）	初始浓度[Cu^{2+}]=1800ppm 流速=2dm^3/min 床高=9cm pH=3、1.5	pH 控制在 1.5 时反应速率较快，由 SEM 观察结构发现表面呈现树枝状分布，增加表面扰动可使反应速率加快	Denahui et al.（1986）
	模拟废水（HgCl$_2$/Zn 系统）	初始浓度[Hg^{2+}]=0.15mol/L Zn 粉=1.0g pH=2、4、6、8	最佳 pH 在 4 左右，随 pH 上升置换汞效果降低，因 pH 高呈现碱性状态，在锌粉表面形成金属氢氧化物沉淀，减少电子释放并影响 Hg^{2+} 还原速率	Ku et al.（2002）
	模拟废水（CuSO$_4$/Al 系统）	初始浓度 CuSO$_4$=0.01mol/L 转速=83.78s^{-1} pH=1.0、2.5、5.2	最佳 pH 在 1，pH 大于 1 置换效率不佳，因 pH 高使得表面附着一层氧化物，减少置换效率	Donmez et al.（1999）
	模拟废水（Cu/Fe 系统）	初始浓度[Cu^{2+}]=100±5ppm 温度=25±0.2℃ DO：小于 0.5mg/L EDTA：914ppm pH=2～9	随反应 pH 上升，由溶解态铜离子形态转变成以一种整合状态铜形式存在，使溶液中铜离子减少，相对降低反应驱动力而抑制金属铜沉积于铁粉表面	Ku and Chen（1992）
	模拟废水（Cu/Fe 系统）	初始浓度[Cu^{2+}]=3.15×10^{-3}mol/L Cl$^-$=6.2×10^{-3}mol/L EDTA=1.23×10^{-3}mol/L pH=1～4	最佳 pH 为 1，pH 大于 4 时，反应速率明显降低。另外，在固定 pH=4 状态下由 SEM 观察发现系统中无整合剂存在（EDTA）时表面呈树枝状结晶，反应速率快；但系统中存在整合剂（EDTA）时，表面呈现稠状结晶，反应速率慢	Chen and Lee（1994）
	实厂废水（CuSO$_4$/Fe 系统）	初始浓度[Cu^{2+}]=38.0g/L 铁盘表面积=61.9cm^2 pH=0.30～1.6	当废水 pH 低于 1 时，易造成腐蚀现象及造成铁粉过量消耗，故实验结果建议将废水 pH 调整至 pH=1.5，可提高反应速率并减少铁粉消耗量	Stefanowicz et al.（1997）
	模拟废水（Pb/Fe 系统）	初始浓度[Cu^{2+}]=20mg/L 填充床厚度=3.97mm pH=1.7～4.0	结果发现反应 pH 并不影响铅的置换率，但对于铁消耗系数而言具有很大的影响，本书建议 pH 控制在 1.5～2.0，既可减少铁粉消耗量又不致对铅置换率造成负面影响	Agelidis et al.（1988）
	模拟废水（Cu/Al 系统）	初始浓度[Cu^{2+}]=3.56g/L 铝粉=1.5g pH=12～14	反应速率随 pH 升高而增快，由于增加 OH$^-$ 浓度，将加速对铝的消耗，可释放出更多的电子供铜离子还原。另外，反应过程发现有 H$_2$ 产生，而产生的气泡会压缩扩散层厚度，加速质传速率	Djokic（1996）

表 4-2　影响化学置换法的控制变因（二）

影响因子	水样来源	操作条件	研究发现	作者
温度	模拟废水（NaCN/Au 系统）	[NaCN]=500mg/L [Au]=20mg/L pH=11 转速=500min^{-1} T=10～55℃	反应速率随温度增加而提高，在此温度范围计算的活化能为 53.4kJ/mol，经与相关文献比较，发现置换程序以表面反应控制为主要机制	Nguyen et al.（1997）

续表

影响因子	水样来源	操作条件	研究发现	作者
温度	模拟废水（Cu/Al 系统）	初始浓度$[Cu^{2+}]$=0.01mol/L pH=2.5 转速=83.78s^{-1}	反应速率随温度增加而提高,因温度提高破坏铝粉表面钝性氧化薄膜而使得反应速率增加	Donmez et al.（1999）
	模拟废水（Pb/Zn 系统）	初始浓度$[Pb^{2+}]$=200ppm 锌条长度=6.0cm pH=3.58 T=22～38℃	反应速率随温度增加而提高,在此温度范围计算的活化能为 9.6～10.7kJ/mol,经与相关文献比较,发现置换程序以扩散控制为主要机制	Nosier and Sallam（2000）
	模拟废水（Ag/Cu 系统）	初始浓度$[Ag^+]$=30ppm pH=2 T=10～75℃	反应速率随温度增加而提高,在此温度范围计算的活化能为 40.7kJ/mol,经与相关文献比较,发现置换程序以表面反应控制为主要机制	Puvvada（1995）

表 4-3　影响化学置换法的控制变因（三）

影响因子	水样来源	操作条件	研究发现	作者
搅拌	实厂废水（$CuSO_4$/Fe）系统	初始浓度$[Cu^{2+}]$=14.0g/L pH=1.3 铁盘表面积=23.1cm^2	结果显示,系统具有搅拌效果的反应速率较无搅拌效果更佳,且反应速率比增加铁盘表面积更有效。因搅拌程度会影响质传速率,故可促进反应进行	Stefanowicz et al.（1997）
	模拟废水（Cu/Al 系统）	初始浓度$[Cu^{2+}]$=0.01mol/L pH=2.5 T=30℃ 转速=57.6、83.78、115.19s^{-1}	动力学研究显示,搅拌速率强者反应速率相对较快。因搅拌程度会增加扰动程度影响质传速率,故可促进反应进行	Donmez et al.（1999）
	模拟废水（NaCN/Au 系统）	[NaCN]=1000mg/L pH=11 T=25℃ Au=20mg/L Cu=0.3mg/L	结果显示,搅拌程度对于以铜粉形式置换影响较铜盘大,此为不同流况所造成的,在铜粉系统中可提供较强烈的混合程度而提高反应速率。经 SEM 观察表面发现搅拌速率大小并不影响最终产物沉积形态	Nguyen et al.（1997）

表 4-4　影响化学置换法的控制变因（四）

影响因子	水样来源	操作条件	研究发现	作者
牺牲金属表面积	实厂废水（$CuSO_4$/Fe）系统	初始浓度$[Cu^{2+}]$=14.0mg/L 初始浓度$[Fe^{2+}]$=0.375mg/L pH=1.3 铁盘表面积=23.1、231.2、346.8cm^2	表面积越大,置换率越高。因接触面积大,所能提供活化位置相对多,可增加质传速率,而提高置换效果	Stefanowicz et al.（1997）
	模拟废水（Pb/Zn 系统）	初始浓度$[Pb^{2+}]$=300mg/L pH=3.58 T=25℃ 锌条长度=2、4、6、8cm	结果发现,随槽体高度增加,质传系数降低	Nosier and Sallam（2000）
	模拟废水（Cu/Fe 系统）	初始浓度$[Cu^{2+}]$=100mg/L 铁的浓度=7.25、13.55、36.75、73.20mg/L 铁盘表面积=16.1、32.3、80.6、161.3cm^2	结果显示,反应速率常数随表面积增加而增加,且铜置换效率与最初铜离子浓度无关,而与牺牲金属铁的表面积有密切关系	Patterson（1977）

1. 溶液 pH

pH 对于液相系统的物种成分分布具有很大影响，在高 pH 的状况下，会形成氢氧化物沉淀而在表面形成一层膜阻碍反应进行，使得置换速率降低；相反，溶液处于低 pH 的情况下，将造成铁粉消耗量升高，这是由溶液中氢离子与铁的反应所造成的。许多研究均显示最佳 pH 介于 1～2 为化学置换法操作最佳范围，如此可使反应速率增加，亦减少牺牲金属的消耗量。

2. 牺牲金属添加量

文献中指出，化学置换反应速率随着牺牲金属表面积增大而增加，此原因主要是由于表面积越大，所能提供的活化位置越多，使得化学置换速率提高。若牺牲金属添加量不足会产生竞争效应，使得置换效率降低，但添加过量的牺牲金属对于后续回收产物的质量将产生负面的影响。

3. 搅拌效应

Stefanowicz 等（1997）在铜-铁系统中的实验结果显示，在固定铁盘面积及不搅拌的条件下，反应时间 90min 后铜置换率为 87.5%，若在搅拌条件下，反应时间 10min 后铜置换率即可达 84.3%，造成此差异的原因为搅拌效应会增加反应器中扰动程度，使得铜离子到达铁粉表面的传质速率增加，也使得反应速率提升，从而减少反应所需的时间。Donmez 等（1999）在含铜-铝系统中，发现搅拌速率越快其置换速率越快。另外，Nguyen 等（1997）在铜-金系统中，也得到相同的结果，搅拌强度越强置换速率越高，且在相同旋转与搅拌的程度之下，铜粉置换率比铝盘高，造成此差异的原因是铜粉所能提供的活化位置较铝盘多。

4. 反应温度

Nguyen 等（1997）指出以铜金属置换金离子系统中，化学置换反应速率会随温度升高而增加，其研究结果显示，温度控制在 15℃时，金离子置换速率较慢，当温度控制在 25～45℃时，金离子可完全被去除，且随温度增加反应速率也越快。关于反应速率常数与温度之间的关系，可借由 Arrhenius 经验方程式来表示，在不同温度下，化学置换反应的反应速率常数也不同，进而可求得活化能。其中，活化能越大，表示反应速率受温度变化的影响越大。另有研究显示，在以铁金属置换含螯合铜系统中，增加反应温度可提高反应速率进而增加置换效率，且在相同操作条件下，在系统中有螯合剂存在下其活化能 [12kcal/(g·mol)] 较无螯合剂存在下 [2.0kcal/(g·mol)] 要高。

第5章 铁氧磁体程序

5.1 铁氧磁体程序定义

铁氧磁体程序（ferrite process，FP）为目前一种有效处理含重金属废水、实验室废液、矿区废水的方法，相关研究已指出，此法不仅能将法规所管制的重金属捕附于尖晶石结构中，且其产生的污泥亦符合毒性特性浸出程序（toxicity characteristic leaching procedure，TCLP）标准。相较于传统的中和沉淀法，铁氧磁体程序所产生的尖晶石污泥不但易于固液分离且无须后续固化程序。

自 Feitkenecht 及 Gallagher（1970）首次提出有关向 $Fe(OH)_2$ 悬浮液通入空气氧化形成 Fe_3O_4 的报告以来，铁氧磁体制造法由干式法逐渐转移到湿式法，奠定了湿式法制造铁氧磁体的基础。

1973 年，日本电气公司（NEC）便提出以铁氧磁体程序处理实厂电镀废水，添加二价铁离子于含重金属废水中，并加入适量的碱中和使其产生氢氧化物沉淀，在升温条件下，通入空气进行氧化反应，将废水中所含重金属嵌入所形成的尖晶石结构，此外，所获得的尖晶石污泥因具有软磁性，可作为磁性材料，如导盲砖、磁性标志、电波吸收体等再加以利用，使废水处理走上资源化的方向。

此外，有许多学者提出铁氧磁体程序的研究报告，现将其研究成果摘录如下。奥田胤明和石原敏天（1984）为了进一步了解实厂电镀废水中共存物质对铁氧磁体程序处理含重金属废水的影响，结果发现螯合剂，如 EDTA（ethylene diamine tetraactetic acid，乙二胺四乙酸）、NTA（nitrilotriacetate，氨三乙酸）等，虽不影响尖晶石晶相的形成，却造成排放水质中的残存重金属离子浓度无法降低，使本法无法达到去除重金属离子的目的。因此他们建议向含 EDTA、NTA 等的废液中添加强氧化剂（如 $K_2Cr_2O_7$、$HClO_4$ 等）进行预分解，作为此法的前处理步骤。

Tamaura 等（1991a，1991b）利用表面披覆的方法对铁氧磁体沉淀物、重金属污泥、CaF_2 污泥、镉污染土壤进行安定化处理，结果显示污泥表面包覆一层 Fe_3O_4 薄膜，可以防止重金属再溶出。

国内对于铁氧磁体程序处理含重金属废水的研究，有陈文泉（1992）应用本法处理含锌、铬、镍、铜、钴等重金属废水（重金属浓度约等于 500mg/L），探讨单元系及多元系磁铁化的生成条件与物性的关系，发现在合成铁氧磁体尖晶石时，控制 R 值（$2OH^-/SO_4^{2-}$）在 1 附近、pH 为 11、反应温度在 50℃以上、通气速率 4L/min 及二价铁离子浓度 5g/L 以上（过量亚铁离子）时，可获得磁特性较佳的产物，并可将多种重金属离子一次纳入尖晶石结构内，以上处理对象均以含高浓度重金属离子的废水为主，因此陈文泉也提出对于含低浓度重金属离子的稀薄废水处理的可行性，使本法适用于处理电镀清洗废水。

黄契儒（1993）探讨了废水中共存有机与无机物质，如 EDTA、CN^-、PO_4^{3-}、ABS（alkylbenzene sulfonate，支链式基苯磺酸盐）等对单元系及多元系铁氧磁体尖晶石产物的物性及反应后排放水质的影响，发现当废水中的 PO_4^{3-} 浓度大于 250mg/L 时会严重阻碍尖晶石的生成。EDTA、CN^- 对合成铁氧磁体尖晶石虽无太大影响，但由于其会与废水中重金属形成稳定的复合离子，使排放水中残留离子浓度增加。ABS 对铁氧磁体程序反应的影响不大，但其在反应过程中会产生大量泡沫，造成处理上的困扰。因此提出前处理以曝气方式去除 ABS，二阶段以碱氯法预分解 CN^-，以及添加 Ca^{2+} 至废水中使 EDTA 及 PO_4^{3-} 形成沉淀后过滤去除，去除这些妨碍物质后的废水再进行铁氧磁体程序反应，可获得良好的效果。

宋宏凯（1994）延续陈文泉、黄契儒的研究，因此依循其所得最佳制备条件继续探讨废水处理所产生尖晶石的安定性，以 TCLP 对各种重金属离子（锌、铬、镍、铜、镉）所形成尖晶石的再浸出情形加以探讨，并以表面披覆的处理方法，对其不稳定产物进行安定化处理的效果研究，同时探讨其化学混凝沉淀物的沉降特性、铁氧磁体尖晶石的过滤性质，作为其流程与脱水程序的设计参考。

王月凤（1995）探讨比较了利用二价铁或三价铁处理含重金属废水。结果发现，在二价铁的系统中，所需的处理温度较低，得到的晶体颗粒较大且磁性较佳，证明三价铁不适合用于铁氧磁体程序。

基于多数学者对铁氧磁体程序的研究，吴海山（1998）利用铁氧磁体程序处理不锈钢酸洗废水，试图找出实际处理不锈钢酸洗废水的操作条件，结果发现在适当的前处理后，在温度为 40℃，pH 为 9.5，通气速率为 4L/min 的条件下，只需反应 30～40min，即可有效处理不锈钢酸洗废水，达到铁、铬、镍的放流水标准。

张健桂（2002）及涂耀仁（2002）曾尝试以延长反应式铁氧磁体程序及三段式铁氧磁体程序处理混杂十种重金属的高浓度废液，结果发现，各种金属有其各自的最佳处理条件，且经由延长反应式铁氧磁体程序及三段式铁氧磁体程序处理后，不论上澄液还是污泥的 TCLP 皆符合现今的法规标准。

5.2　铁氧磁体的基本结构与特性

铁氧磁体的结晶结构和天然尖晶石（$MgAl_2O_4$）型的立方晶系相同，其中 Mg^{2+} 可为其他金属离子（M^{2+}）所取代，而 Al^{3+} 为 Fe^{3+} 取代，化学式为 $MO·Fe_2O_3$ 或 MFe_2O_4，其中 M 为二价金属离子，离子半径范围为 0.06～0.1nm，如 Mn^{2+}、Fe^{2+}、

Cu^{2+}、Co^{2+}、Ni^{2+}、Mg^{2+}等，可适用于任何金属离子，表 5-1 所示即为一般可进入铁氧磁体的金属元素，几乎已涵盖所有常用的金属种类。

表 5-1　尖晶石型铁氧磁体可包含的金属种类

金属离子
Li^+，Cu^+，Ag^+，Hg^+
Mg^{2+}，Ca^{2+}，Mn^{2+}，Fe^{2+}，Co^{2+}，Ni^{2+}，Cu^{2+}，Zn^{2+}，Cd^{2+}，Hg^{2+}，Sn^{2+}
Al^{3+}，Ti^{3+}，V^{3+}，Cr^{3+}，Mn^{3+}，Fe^{3+}，Ga^{3+}，Rh^{3+}，In^{3+}，Sb^{3+}
Ti^{4+}，V^{4+}，Mn^{4+}，Ge^{4+}，Sn^{4+}，Mo^{4+}，W^{4+}
V^{5+}，As^{5+}，Sb^{5+}
Mo^{6+}，Cr^{6+}，W^{6+}

　　矿物中的磁铁矿（magnetite，Fe_3O_4）即为常见的天然铁氧化物，Fe_3O_4 中的三个铁离子中，有两个是三价的铁离子 Fe^{3+}，一个是二价的铁离子 Fe^{2+}，即 $FeO·Fe_2O_3$。铁氧化物中的二价离子可相互混合，形成固溶体，展现不同的磁性性质。最早为人所发现的硬铁氧磁体为 1933 年的 OP 磁铁，是主要成分为 Co 铁氧磁体（$CoFe_2O_4$）及 Fe 铁氧磁体（Fe_3O_4）的固溶体，两者以质量比约 3∶1 的比例混合，经烧结而成的一种性能良好的磁性材料。

　　在尖晶石结构中，氧离子的离子半径最大，以立方晶的面心结构排列，此种排列非常紧密，每一个氧离子都紧靠在一起。其他半径较小的离子只能填在氧离子填满后所剩的间隙里。尖晶石型铁氧化物的每一单位晶室（unit cell）是由 32 个 O^{2-} 以立方晶的面心结构排列而成，在此结构中有 32 个八面体空隙位置（配位数 6）及 64 个四面体空隙位置（配位数 4），而 8 个 M^{2+} 及 16 个 Fe^{3+} 则分别在 O^{2-} 所形成的四面体（tetrahedral）及八面体（octahedral）位置内，占在此二格子点位置的金属阳离子分别命名为 8a［A 位置，以（）表示］及 16d（B 位置，以[ ]表示）。

　　图 5-1 即为铁氧磁体尖晶石立方体结构示意图。在尖晶石结构中如二价阳离子均占据四面体位置（A 位置），三价阳离子均占据八面体位置（B 位置），称为正尖石结构（normal spinel structure），即（M^{2+}）[Fe^{3+}]$_2O_4$，此类正尖晶石铁氧磁体为常磁性（paramagnetism），并不具有磁性；若四面体位置（A 位置）全为三价阳离子所占据，八面体位置（B 位置）则被全部的二价阳离子及另一半的三价阳离子所占据，称为逆尖石结构（inverse spinel structure），即（Fe^{3+}）[$M^{2+}Fe^{3+}$]O_4，此类逆尖晶石结构为强磁性（ferrimagnetism）。

　　尖晶石型结构除了上述二价-三价形式外，还有一三价、二四价可以相互配合，一四价、一六价、二五价、一三四价、一二五价也可相互配合，甚至氧离子也可被同价的硫离子或一价的氟离子、氰离子取代组成尖晶石结构，当然这些尖晶石不一定有磁性，即使其有磁性也比不上以铁离子为主干的铁氧磁体。各种不同价数所组成的尖晶石如表 5-2 所示，几乎已涵盖所有常用的金属种类。

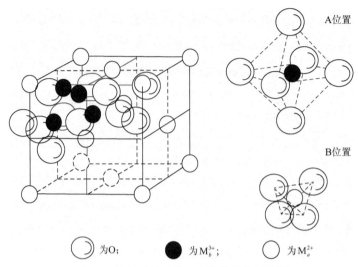

A位置

B位置

◯ 为O；　● 为M_b^{3+}；　◯ 为M_a^{2+}

图 5-1　铁氧磁体尖晶石立方体结构示意图

表 5-2　尖晶石化合物的各种形式

组合形式	组合式	实例
2-3 型	$M^{2+}M_2^{3+}O_4^{2-}$	$MgAl_2O_3$
1-3 型	$M_{1/2}^{+}M_{5/2}^{3+}O_4$	$Li_{1/2}Fe_{5/2}O_4$
1-4 型	$M_{4/3}^{+}M_{5/3}^{4+}O_4^{2-}$	$Li_{4/3}Ti_{5/3}O_4$
1-6 型	$M_2^{+}M^{6+}O_4^{2-}$	Na_2MoO_4
2-4 型	$M_2^{2+}M^{4+}O_4^{2-}$	Mg_2TiO_4
2-5 型	$M_{7/3}^{2+}P_{2/3}^{5+}O_4^{2-}$	$Zn_{7/3}Sb_{2/3}O_4$
1-3-4 型	$M^{+}M^{3+}N^{4+}O_4^{2-}$	$LiVTiO_4$
1-2-5 型	$M^{+}L^{2+}P^{5+}O_4^{2-}$	$LiZnSbO_4$
1-2 型	$M_2^{+}M^{2+}Z_4$	$Li_2^{+}Ni^{2+}F_4$

5.3　铁氧磁体分类

铁氧磁体（ferrite）是一大类非金属磁性材料的统称。一般指以氧化铁（Fe_2O_3）为主要成分的磁性（铁磁性和亚铁磁性）复合氧化物，如镍铁氧磁体（$NiFe_2O_4$）、锂铁氧磁体（$Li_{0.5}Fe_{2.5}O_4$）及锌铁氧磁体（$ZnFe_2O_4$）。人类最早发现和应用的天然磁石，就是一种铁的铁氧磁体（Fe_3O_4）。基本磁性主要取决于结构中的原子磁矩有序排列（磁结构），铁氧磁体中被氧原子隔开的磁性原子间的超交换作用或其他间接交换作用是决定其磁结构的主要因素。因此，铁氧磁体的磁性与其晶体结构关系密切，故一般根据其结晶结构进行分类，目前较为常用的铁氧磁体材料分为三种类型：①尖晶石型（spinel type）的立方晶系铁氧磁体；②石榴石型（garnet type）的立方晶系铁氧磁体；③磁铅石型或称为 M 型的六方晶系（hexagonal）铁氧磁体。本书以尖晶石型的铁氧磁体（ferrite）为研究对象。

5.4　铁氧磁体合成方法

铁氧磁体粉末的合成方法相当多，主要可概分为两方面，即传统固态反应法及非传统合成法。

5.4.1　传统固态反应法

传统上以固态反应法合成铁氧磁体粉末时，通常以氧化物为起始原料，经过煅烧（800～1200℃）之后，可得铁氧磁体粉末。其反应如式（5-1）所示：

$$Me^{2+}O+Fe_2O_3 \longrightarrow Me^{2+}Fe_2O_4 \tag{5-1}$$

5.4.2　非传统合成法

超微粒铁氧磁体粉末的制作亦可借由非传统合成法来达成，非传统合成法可概分为物理法及化学法。物理合成法，其化学组成于制程前后并不会改变，系利用机械力将固体微细化，如机械研磨法，或者将固相融化或溶解成液相或汽化成气相，然后再重新结晶析出，如盐析结晶法、气相蒸发法、溅镀法及电弧放电法等；化学合成法，主要系控制化学反应系统中的反应条件，如调整溶液 pH、浓度、反应温度、时间、压力及氧化还原气氛等，使金属阳离子与阴离子反应生成各种不同形态或粒径大小的化合物或错合物，如水热合成法、溶胶凝胶法（sol-gel method）。在环工领域中，水热合成法常被用于处理含重金属的工业废水。

5.4.3　水热合成法

所谓水热合成法系将金属化合物的水溶液控制在某特定温度下，水溶液产生饱和蒸气压，在该温度与压力条件下，金属化合物经由原子结构重整，经过分解、组合、排序、结晶等步骤，合成出某些特定结构的材料。

以水热合成法制备铁氧磁体主要可分为两种形态，其一为共沉淀法（co-precipitation method），于含重金属离子（M^{2+}）及铁离子（Fe^{3+}）的水溶液中添加碱液，调整 pH 并控制重金属与铁离子的比例则可直接沉淀得到 $MO \cdot Fe_2O_3$。此法在液相进行，离子间接触机会大，因此反应较完全，所形成的产物粒径较小。

Lopez-Delgado 等（1999）以炼钢业清洗液混合 Zn^{2+} 溶液合成镍-铬-锌系铁氧磁体。由于此法所得的沉淀物颗粒较细，且成分及组成的均一性不易控制，在沉降、水洗及过滤等处理上有困难，因此目前较少应用于处理工业废水，大多用于材料科学方面，制备磁性粉末与磁性流体，或用以制备所需颗粒较细的纳米级光电材料。

此外，氧化法亦为另一种水热合成法的形态。其原理为在含重金属离子（M^{2+}）的水溶液中加入亚铁离子（Fe^{2+}），同样以碱液调整 pH，并于溶液中曝气使其氧化形成 MFe_2O_4。Kiyama（1974，1978）研究指出，在碱性条件下，温度高于 50℃且 R（$2OH^-/SO_4^{2-}$）值大于 1 时，为 Fe_3O_4 较佳的形成条件；温度较低时，R 值若过高或过低易有 α-FeOOH 或 γ-FeOOH 杂相的形成。随温度升高，R 值控制于 1 左右，其他杂相减少。图 5-2 所示即为铁氧磁体尖晶石物化条件图。

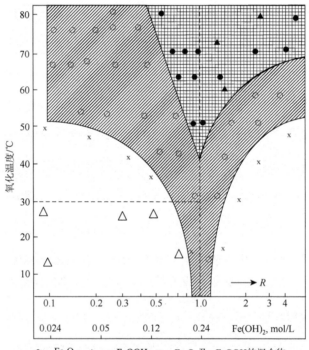

● : Fe_3O_4；　▲ : α-FeOOH；　x : Fe_3O_4 及 α-FeOOH的混合物；
○ : Fe_3O_4、α-FeOOH 及 γ-FeOOH 的混合物；
△ : α-FeOOH 及 γ-FeOOH 的混合物

图 5-2　铁氧磁体尖晶石物化条件图

Tamaura 等（1991a，1991b）以氧化法处理重金属废水亦有良好成效，黄钰轸等（2003）亦以氧化法处理实验室重金属废液，探讨不同 pH 条件下处理的可行性，发现在 pH＞9 的条件下即有良好的处理效果。本研究即以水热合成法中的氧化法处理经化学置换法后的含铜废水。

5.5　铁氧磁体反应机构

铁氧磁体程序原本是一种湿式合成磁铁矿（Fe_3O_4）的技术。其反应式如式（5-2）所示；当溶液中有其他金属离子共存时，则发生如式（5-3）的反应。

$$3Fe^{2+}+6OH^-+1/2O_2 \longrightarrow Fe_3O_4+3H_2O \qquad (5-2)$$
$$xM^{2+}+(3-x)Fe^{2+}+6OH^-+1/2\,O_2 \longrightarrow M_xFe_{(3-x)}O_4+3H_2O \qquad (5-3)$$

铁氧磁体程序处理含重金属废水的原理即是利用此反应，将重金属离子嵌入铁和氧所形成的尖晶石结构内。例如，废水中若有二价铜离子存在，铜将置换铁磁总合物中的 Fe^{2+}，而生成十分稳定的铁铜石铁氧体 $CuO\cdot Fe_2O_3$。铜进入铁氧磁体晶格后，被填充在最紧密的晶格间隙中，结合得很牢固，难以溶解，这样就使有害的重金属几乎完全从废水中分离出来。最后形成的铁磁性氧化物，由于具有较大的颗粒尺寸，能很快沉淀，且易过滤，也不会出现重金属从铁氧磁体尖晶石沉淀物中再溶解现象，因为已被包含在铁氧磁体的晶格中。

5.6　铁氧磁体程序的影响因子

在本节中，将探讨硫酸亚铁添加量（亚铁离子/金属离子）、溶液 pH、温度及通气速率对铁氧磁体程序所造成的影响，并整理如表 5-3～表 5-6 所示。

表 5-3　铁氧磁体程序的控制变因（一）

影响因子	处理对象	操作条件	研究发现	作者
pH	模拟废水	初始浓度[Cu^{2+}]=0.064mol/L 转速=2L/min T=25℃ pH=5～13	结果显示，磁铁矿 Fe_3O_4 生成的最佳 pH 范围在 8.0～9.5，当 pH 控制在 9.5 以上主要形态以 α-FeOOH 为主；pH 控制在 8.0 以下主要形态以 α-FeOOH 及 γ-FeOOH 为主	Hamada and Kuma（1976）
	模拟废水 （Cd 系统）	[$CdSO_4\cdot 7H_2O$]=0.863mol/L $Cd^{2+}/Fe_总$=0.1 T=65℃ pH=7～11	在 pH=10、11 时形成 Cd-bearing ferrite 晶相较 pH=7、8 时更明显，溶液 pH 在 7～8 范围时晶相呈现平坦的波峰，主要形态以 α-FeOOH 为主，将 pH 控制在 10、温度 65℃ 为 Cd-bearing ferrite 生成的最佳条件	Kaneko et al.（1979）
	实验室废液 （Cd、Mn、Fe、Cu、Pb、Zn、Cr、Co、Ni、Hg 系统）	废液体积=20dm³ M/Fe=1/10～1/20 T=65℃ pH=9～11	若将 pH 控制在 9～10.5，温度 65℃ 可有效将废水中重金属离子嵌入铁氧磁体结构，形成产物可作为磁性材料再利用。pH 在 7～10 范围生成绿色非磁性中间产物铜绿，pH 在 10.5～11 范围生成中间产物 γ-FeOOH	Tamaura et al.（1991a）
	模拟废水 （Cu 系统）	初始浓度[Cu^{2+}]=50mg/kg Cu/Fe=2.0 T=50℃ pH=8～11	根据其结果显示，pH 大于 8 才足以生成铁酸盐产物，最佳 pH 范围在 9～10.5，反应系统 pH 的控制随溶液金属浓度而异，高浓度金属范围需较高 pH 范围以利于反应进行	Mandaokar and Dharmadhikari（1994）

表 5-4　铁氧磁体程序的控制变因（二）

影响因子	处理对象	操作条件	研究发现	作者
温度	模拟废水	[FeSO$_4$]=0.24mol/L [NaOH]=0.48mol/L T=40、70、85℃	根据其报告指出温度维持在 70℃以上为生成 Fe$_3$O$_4$ 的最佳范围，温度低于 70℃生成的形态则主要以 α-FeOOH 及 Fe(OH)$_2$ 为主	Kiyama（1974）
	模拟废水	初始浓度[Cl^{2+}]=0.064mol/L 流速=2L/min T=10～40℃ pH=6.5	根据结果显示，磁铁矿 Fe$_3$O$_4$ 最佳温度范围在 40℃以上，当温度控制在 30～40℃时主要形态以 α-FeOOH 为主；温度在 30℃以下其主要形态则以 γ-FeOOH 为主	Hamada and Kuma（1976）
	模拟废水	[Green rust Ⅱ]=50mmol/L SO$_4^{2-}$=0.018mol/L T=30、50、74℃	报告结果显示当中间产物铜绿Ⅱ进一步转换成 Fe$_2$O$_4$ 时，其反应速率随温度上升而提高	Tamaura et al.（1991a）
	模拟废水（十种重金属废液）	重金属=0.02mol/L pH=9.0 空气压力=3L/min 时间=40min T=90℃	结果显示，当温度控制在 90℃、pH 在 9.0 时，较高反应温度所产生的污泥颗粒较大、污泥质量较佳	涂耀仁（2002）

表 5-5　铁氧磁体程序的控制变因（三）

影响因子	处理对象	操作条件	研究发现	作者
曝气量	模拟废水	R=2 NaOH/FeSO$_4$=0.1～4.0 pH=10.5 T=5～85℃ 曝气速率=每升废液 200L/h	由报告结果显示，适当的空气供应量有助于磁铁矿 Fe$_3$O$_4$ 的生成，其在无空气供应状态下，会有白色沉淀物产生；反之，若提供过量的空气，则会使反应生成的黑色磁性产物转变成带黄褐色产物，最佳空气供应量范围为每升废液 100～400L/h	Kiyama（1974）
	模拟废水	Pb^{2+}=50～400mg/kg pH=9～10.5	一般溶液中重金属浓度越高所需空气量也相对提高，但若空气量过量，则会使得黑色产物转变成橙色或黄色产物，故系统中空气需求量会随溶液中金属浓度不同而异	Mandaokar and Dharmadhikari（1994）
	模拟废水	SO$_4^{2-}$/Fe^{2+}=0.011 分别以两组实验进行研究 （1）高强度空气供应量 空气压力=0.6kg/cm^2 pH=8.0 （2）无空气供应量 pH=8.0	在高强度空气供应状态下，可大大提升气液接口传质效果，其将有助于将沉淀物进一步生成黑色固液体；反之，若在无空气供应状态下，则会形成白色沉淀物及生成黄褐色非磁性 α-FeOOH 产物	Yoshiaki et al.（1998）

表 5-6　铁氧磁体程序的控制变因（四）

影响因子	处理对象	操作条件	研究发现	作者
R 值（2NaOH/FeSO$_4$）	模拟废水	R=2 NaOH/FeSO$_4$=0.1～4.0 pH=10.5 T=5～85℃ 曝气速率=每升废液 200L/h	报告指出 R=1.0 左右，温度在 50℃以上可生成黑色磁性沉淀物；当 $R<0.6$ 时，生成非磁性产物 α-FeOOH；$0.6<R<1$ 时，则会生成非磁性终产物 α-Fe$_2$O$_3$	Kiyama（1974）

续表

影响因子	处理对象	操作条件	研究发现	作者
M/Fe^{2+}物质的量比（M：金属离子）	模拟废水	[CdSO$_4$·7H$_2$O]=0.863mol/L Cd^{2+}/Fe 总=0.03～0.4 pH=9.0	1. 在初始 Cd^{2+}/Fe 总控制在 0.1 时，生成的形态主要是以尖晶石结构沉淀物为主； 2. 当初始 Cd^{2+}/Fe 总控制在 0.15～0.2 时，其沉淀物以 α-FeOOH、尖晶石化合物及氢氧化钙为主； 3. 当初始 Cd^{2+}/Fe 总控制在 0.3 时，所生成的形态以非结晶型化合物为主； 4. 在初始 Cd^{2+}/Fe 总控制在 0.4 以上生成物以氢氧化钙及尖晶石化合物为主	Kaneko et al.（1979）
	模拟废水（Cr^{3+}、Cu、Pb）	Cr^{3+}、Cu、Pb=50～400mg/kg 曝气速率=50mL/min T=50℃	针对铜系铁氧磁体生成所需金属离子与亚铁离子物质的量比控制在 2 时，即可生成具磁性固溶体；而铬、铅系铁氧磁体生成所需金属离子与亚铁离子物质的量比则较铜系铁氧磁体所需亚铁添加比例要高	Mandaokar and Dharmadhikari（1994）

1. 亚铁离子/金属离子

铁氧磁体的形成需要有足够的铁离子，且和二价铁离子与三价铁离之间的比例有关。亚铁离子添加量最少是废水中除铁以外所有重金属离子物质的量浓度的 2 倍。在处理含重金属废水的过程中，加入铁盐的最小值与欲去除的重金属类型有关，对于易转换成铁氧磁体的重金属如锌、锰及铜等，铁盐加入量为废水中重金属离子物质的量浓度的 2 倍即可，对于那些不易形成铁氧体的金属如铅，则需增大铁盐添加量。因此，对于被处理的废水而言，首先要测出所含的除亚铁离子以外的重金属的物质的量浓度，然后再据此加入亚铁离子，使废水中亚铁离子的物质的量浓度为废水中重金属总物质的量浓度的 2～10 倍。

Mandaokar 和 Dharmadhikari（1994）研究指出，溶液中亚铁离子添加量随金属离子浓度不同而有所改变，其添加量随金属浓度增加而增加。结果显示，在含铜离子水溶液系统中亚铁离子与金属离子的添加比例呈线性关系，亚铁离子/金属离子维持在 1/2 即可生成具有磁性的固溶体，而陈文泉（1992）研究指出，溶液中 Fe^{2+} 浓度控制在 5g/L 以上，即可获得磁性较佳的产物。

2. Fe^{2+}/Fe^{3+}物质的量比

由 MFe$_2$O$_4$分子式可知，欲生成 Fe$_3$O$_4$粒子，理论上须有 1mol Fe^{2+}，2mol Fe^{3+}和足量的碱来参与反应，但经研究结果发现共沉反应时溶解在水中的空气会使部分 Fe^{2+}转变成 Fe^{3+}，所以若以 Fe^{2+}/Fe^{3+}=1/2 的物质的量配比来进行反应，则会因 Fe^{3+}过剩，使所得产物性质变差。研究结果显示，Fe$_3$O$_4$粒子以 Fe^{2+}/Fe^{3+}=3/2 时其饱和磁化量最大，可达到 66.3emu/g，而理论的 1/2 的物质的量配比，其饱和磁化量只有 60.8emu/g。

Wang 等（1996）提出控制 Fe^{2+}/Fe^{3+} 物质的量比在 1.75 下产物可获得最佳饱和磁化量。另外，Gokon 等（2002）分别以不同 Fe^{2+}/Fe^{3+} 物质的量比，在相同的操作条件下进行 Fe_3O_4 生成百分率的探讨，研究结果指出，不同 Fe^{2+}/Fe^{3+} 比例对于生成 Fe_3O_4 的反应机制不尽相同，Fe_3O_4 生成百分率以其控制在 1/2 比例最佳，1/1 比例次之，而以 2/1 比例最差，其中 2/1 比例较差的原因是受限于中间产物 GR-I 进一步生成 Fe_3O_4 反应速率所造成的。

3. pH

影响铁氧磁体形成的条件很多，其中 pH 影响较大，如果 pH 控制不当，形成的铁氧磁体就不完全，结构就不紧密，或根本无法生成铁氧磁体，而是形成尚未完成的铁氧磁体氢氧化物。根据 Mandaokar 和 Dharmadhikari（1994）研究显示，当溶液 pH 控制在 9.0～10.5 可生成铜系铁氧磁体，且 pH 控制是由溶液中金属离子的浓度决定，水溶液中含高浓度金属离子时所需控制 pH 范围稍高。

Tamaura 等（1991a，1991b）也指出将溶液 pH 控制在 9.0～10.5 为铁氧磁体生成的最佳范围，并指出 pH＜9.0 时易生成 green rust Ⅱ绿色非磁性中间产物；pH＞10.5 时易生成 γ-FeOOH 杂相。Kaneko 等（1979）研究指出生成镉系铁氧磁体的最佳 pH 为 10.0。但 Hamada 和 Kuma（1976）引述 Misawa 等在 1969 年提出生成 Fe_3O_4 的最佳 pH 范围在 8.0～9.5。宋宏凯（1994）针对电镀废水进行研究时指出，形成铜系铁氧磁体最佳 pH 条件为 11.0。张健桂（2002）及涂耀仁（2002）针对实验室废液进行研究时指出铜最佳 pH 条件为 10.0。综合上述学者的研究成果可知，合成铁氧磁体的最佳 pH 范围在 9.0～10.5。

4. 反应温度

反应温度对于磁铁矿（Fe_3O_4）的形成也具很大影响，Tamaura 等（1991a，1991b）研究指出，合成铁氧磁体产物最佳温度范围在 65℃以上，当溶液温度范围在 40～65℃时会形成 α-FeOOH 而抑制 Fe_3O_4 的生成。Hamada 和 Kuma（1976）指出当温度范围在 40℃以上时才适合 Fe_3O_4 的生成，当温度在 30～40℃时会形成 α-FeOOH。Mandaokar 和 Dharmadhikari（1994）指出当温度控制在 50℃以上及反应时间为 45min 时可生成具有磁性的金属铁氧磁体，而在低温下操作将会形成非磁性的巧克力胶状物。另外，由 Perez 等（1998）提出在铁氧磁体生成步骤中，脱水过程为生成铁氧磁体的限制步骤，故提高溶液温度将有助于脱水过程所需消耗的时间。张健桂（2002）及涂耀仁（2002）针对实验室废液进行研究，结果指出铜的最佳处理条件为 80℃。综合几位学者的研究成果可以发现合成铁氧磁体（Fe_3O_4）的最佳温度范围在 60℃以上。

5. 曝气量（通气速率）

Mandaokar 和 Dharmadhikari（1994）于其研究中提及，氢氧化铁可经由空气进一步氧化形成磁铁矿 Fe_3O_4，但须先经水解形成羟基复合物（hydroxyl complex），因此羟基复合物层的总表面积大小就成为反应的重要因素。若通气速率太慢，则因 $Fe(OH)_2$ 的凝集而减少羟基复合物层的总表面积；若通气速率太快，将使羟基复合物层的总表面积层厚度减少，从而使表面积减少，故每升废液通气速率大于 400L/h 或小于 100L/h 并不适合铁氧磁体的形成。此外，适当增加空气供应量可使得质子释放率增加，氧化还原电位（ORP）上升，加速反应进行，缩短反应所需时间，但随着空气量快速增加，对铁氧磁体反应后的产物却造成负面的影响，其产物由具磁性黑色固溶体转变成非磁性橙色固溶体。

第三篇　污泥产制高效能触媒

　　前一篇介绍了现今被广泛应用的重金属污泥资源化关键技术，本篇将针对污泥资源化产物应用于触媒焚化技术为主轴，对印刷电路板业铜污泥的处理技术、资源化产物的基本物化特性及其应用于催化挥发性有机物的一系列研究作详尽的介绍。

第6章 触媒焚化技术

6.1 触 媒 定 义

触媒是一种可在设定温度下提高反应速率，但本身却无任何显著变化的物质。触媒焚化技术如图 6-1 所示，是一种利用触媒将废气中污染物氧化分解的控制技术。一般而言，触媒焚化技术难以处理含有铅、砷、磷、铋、锑、汞、氧化铁、锡、锌、有机硅及含硫化合物、含氯化合物的 VOCs 废气，因为这些物质会被转化成无机物或氧化物而覆盖在触媒表面，造成触媒中毒或导致活性衰退，除非把这些化合物在废气中的浓度降到非常低的水平，或有前处理系统将这些化合物除去。

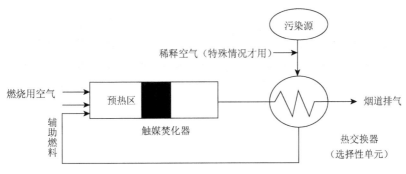

图 6-1　触媒焚化技术示意图

此外，处理含硫化合物废气可使用含有铂和钯的触媒，处理含氯化合物废气可使用含有金属氧化物（氧化铬、氧化铝、氧化钴、氧化铜）的触媒。焚化器触媒床的触媒形状通常设计成金属网状、陶瓷蜂巢状、球状或粒状以获得最大表面积。废气在进入触媒床之前常以预热器进行预热，或与处理过的废气进行热交换，但需避免触媒床过热而使触媒失活。此外，废气中要有适量的氧气，否则必须补充燃烧用空气。目前大多数商业化触媒焚化设备都以 95%的去除效率为设计标准，更高的去除效率因需要较大量的触媒床或更高的操作温度，将使得触媒焚化法不符合经济效益。

触媒焚化器的性能受到下列因素影响：①操作温度；②空间流速（停留时间的倒数）；③VOCs 的成分及浓度；④触媒性质；⑤废气中毒性物质及抑制剂的浓度。现将触媒焚化器的重要设计参数条列如下。

（1）操作温度：为达到某一固定去除效率，所需的操作温度系由 VOCs 的成分、浓度及触媒种类来决定的。

（2）触媒床的升温：触媒床上的温差或上升温度值是 VOCs 氧化的直接证据，也是触媒焚化器的基本效率指标。

（3）空间流速：在固定空间流速下，提高触媒床入口操作温度，可提高去除效率；在固定操作温度下，降低空间流速（即增加废气在触媒床中的滞留时间），也可提高去除效率。

触媒焚化器的处理效率与触媒床上的温差及压力降有非常密切的关系，为了确保触媒床操作正常，一般都会连续监测触媒床上温度上升及压力降的变化。由于触媒会随操作时间而失活、流失或被遮蔽，导致触媒床处理效率下降，此时须提高触媒床的温度以维持处理效率，当温度提高到不符合经济效益时便必须更换触媒，通常制造商大都建议每两到三年更换一次触媒。

6.1.1　触媒燃烧反应

触媒燃烧为催化反应的一种，如图 6-2 所示，触媒具备降低化学反应活化自由能（free energy of activation）的特性，可增加反应速率使化学反应加速并趋于平衡，但不改变其原本的反应热与反应平衡关系。以机车废气处理为例，添加触媒可使污染物的燃烧氧化反应在较低温度下进行，使其氧化成无害的 CO_2 及 H_2O。

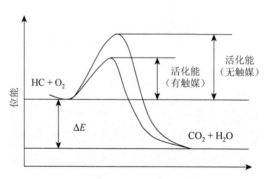

图 6-2　有无触媒的化学反应与活化能的关系

触媒的催化反应可由触媒及其内孔隙表面来说明其反应机制，如图 6-3 所示，反应机制可分为七个步骤：

（1）反应物及氧气由气相中扩散至触媒外表面；

（2）反应物扩散至触媒内孔隙中；

（3）反应物与内孔隙表面的活性物质发生化学吸附；

（4）于表面发生反应；

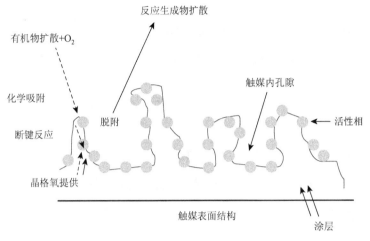

图 6-3　触媒表面结构图

（5）反应生成物由内孔隙表面脱附；

（6）生成物由内孔隙向外扩散至触媒外表面；

（7）生成物由触媒外表面扩散至气相中。

6.1.2　触媒燃烧效率的计算

在燃烧的化学计量上，以碳氢化合物（C_xH_y）完成燃烧时为例说明，其计量化学式如式（6-1）所示：

$$C_xH_y + \left(x+\frac{y}{4}\right)O_2 + 3.76\left(x+\frac{y}{4}\right)N_2 \longrightarrow xCO_2 + \frac{y}{2}H_2O + 3.76\left(x+\frac{y}{4}\right)N_2 \quad (6\text{-}1)$$

式中，C_xH_y 为碳氢化合物的通式；$x+\dfrac{y}{4}$ 为燃烧1mol C_xH_y 所需氧气的物质的量；3.76为空气中氮气与氧气物质的量的比值。

由式（6-1）可知 1mol 或（12x+y）kg 的 C_xH_y 完全燃烧所需的氧或空气量如式（6-2）及式（6-3）所示：

$$理论需氧量 = \frac{\left[\left(x+\dfrac{y}{4}\right)\times M_{O_2}\right]}{(12x+y)}\frac{kg\ O_2}{kg\ C_xH_y} \quad (6\text{-}2)$$

$$理论空气量 = \frac{\left[\left(x+\dfrac{y}{4}\right)\times M_{O_2} + 3.76(x+4y)\times M_{N_2}\right]}{(12x+y)}\frac{kg空气}{kg\ C_xH_y} \quad (6\text{-}3)$$

由上述燃烧化学计量可知，欲将 1mol 的苯（C_6H_6）完全燃烧时，其理论需氧量为 7.5mol。为了确保为完全燃烧，通常会添加过量的空气，即理论空气量乘以过剩空气系数而得。因此，总排气量则为完全燃烧的产物加上未参与反应的氮气及过剩空气。在燃烧器设计上有三个重要参数，分别为滞留时间、炉床温度及紊流强度，当紊流强度适当时，停留时间越长，炉床温度越高，则废气的去除率也越高。去除率（removal efficiency）定义如式（6-4）所示：

$$X = \frac{[C_xH_y]_{in} - [C_xH_y]_{out}}{[C_xH_y]_{in}} \qquad (6-4)$$

式中，$[C_xH_y]$ 代表碳氢化合物的浓度，其下标 in 或 out 则表示燃烧处理单元入口与出口处的浓度。

6.1.3　催化燃烧的影响因子

影响触媒燃烧效果优劣的因素有操作温度、进流浓度、空间速度、氧气浓度等，分别叙述如下。

1. 操作温度

废气在一定滞留时间内，当提高反应器内温度达一定值时，即可有足够的能量破坏有机物键结，在气体污染物进行催化反应前，必须先达到起燃（light-off）温度，起燃温度会因气体本身的性质及触媒种类的不同而有所差异，一般而言，将温度提高，其反应速率与破坏效率也会增加。

Robert 等指出触媒燃烧的反应速率与反应温度具有关联性，如图 6-4 所示，操作温度较低时（A 区），反应速率随操作温度的增加成指数提升，由表面化学反应影响其速率；而随着温度的增加，反应速率的增加则趋于缓和（B 区），此时质传则成为主要限制因素；当温度更高时，将发生均相反应，产生直接燃烧现象（C 区）。

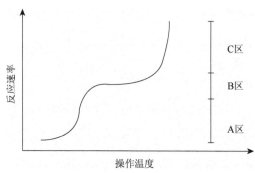

图 6-4　触媒焚化反应速率与操作温度关系图

2. 进料种类与浓度

污染物浓度会影响触媒床出口浓度，主要是因为污染物进行氧化时会进行放热反应，造成触媒床温度上升。浓度越大，反应速率也越快，但反应速率却不一定与浓度成正比。通常机车会受惰转、加减速及车辆状况等因素影响导致引擎燃烧效率的差异，造成排放废气浓度的不同，在四行程机车于引擎出口所测得的 HC 浓度普遍介于 50～3500ppm。

3. 空间速度

空间速度（space velocity）为单位时间内通过单位体积触媒床的反应物体积，其关系如式（6-5）所示：

$$空间速度=通过触媒床的气体流量/触媒床体积 \qquad (6\text{-}5)$$

由式（6-5）可知，进流气体在触媒床上的停留时间（residence time）的倒数即为空间速度。因此当空间速度越小，滞留时间越长，对于污染物的去除效率越佳。

4. 氧气浓度

通常引擎燃烧后排放废气的氧气浓度只有 1%～2%，触媒燃烧反应中氧气含量的影响往往在不同情况下有所差异，假设要使触媒得到理想的活性反应，则供给的氧气浓度就必须足够，而所需氧气浓度可借由燃烧反应式来做计算。虽然可补充二次空气来提高氧气浓度，但此举也会导致整体废气温度的下降，因此在机车触媒转化器的反应中氧气浓度仍是受限的。

6.2　挥发性有机物（VOCs）

挥发性有机物（volatile organic compounds，VOCs），一般是指在标准状态下（0℃，760mmHg），蒸气压大于 0.1mmHg 的有机物质（Radian，1978），其碳链长度通常在 C_2～C_6。在 VOCs 中，methane、ethane、methylene chloride、freon 113、methyl chloroform、CFC-11、CFC-12、CFC-22、CFC-23、CFC-114 及 CFC-115 等 11 种化合物并不会形成光化学臭氧，因此除这 11 种化合物外的 VOCs，统称为反应性挥发性有机化合物（reactive volatile organic compounds，RVOCs）。

由于 VOCs 具有渗透、脂溶及挥发等特性，人体若长期在无保护设施下与其接触或经由呼吸吸入，会导致呼吸道、肺、肾、肝、神经系统、造血系统及消化系统的病变。许多 VOCs 在高浓度下均会对人体产生急性效应，如晕眩、头痛、眼睛及呼吸道的刺激等，但这些效应当曝露量减少或去除时即会消失。

VOCs 不但容易造成作业环境的空气质量恶化，且经光化反应后会产生二次污染问题，其中又以烯类最具光化反应性。光化反应所造成的烟雾，除了会降低能见度外，所产生的臭氧、PAN、PBN 等物质亦会造成人体的危害。美国环境保护局（USEPA）在 1983 年的新污染源操作标准（NSPS）中，开始将 VOCs 列为管制对象，并制定排放及监测系统标准，使得挥发性有机物成为空气污染防治的重点之一。

国内许多作业制程常用到大量挥发性有机溶剂，因此挥发性有机化合物（VOCs）逸散所造成的污染相当普遍，其中表面喷涂业因在作业过程中会逸散出大量的 VOCs，再加上该相关产业及污染源数量多且分散，呈点状分布于住宅区各处，对作业人员及邻近居民造成相当严重的直接或间接危害，若不谨慎加以处理，对于环境及人体均会造成甚大冲击，因此发展经济有效的 VOCs 控制技术已成为迫切必行的工作。

6.2.1　VOCs 控制技术

VOCs 的种类繁多，特性也各有不同，因而控制方法常因适用性与经济性的考虑而有所不同。通常 VOCs 处理方式分三方面来考虑，浓度高且溶剂单价高时大都以回收溶剂为其处理方式；如果浓度高、价值低且排气量大时，大都以高温氧化法为其处理方式；如果浓度低且排气量大时，则以活性炭吸附、浓缩后焚化或以生物过滤法处理至无臭、无害为原则。目前高科技产业废气条件大多在此范畴，而在选择 VOCs 废气处理技术时，需以下列几点准则来判断该技术的可行性。

1. 去除率

污染源的组成及浓度若产生变动时，系统仍可保持稳定的去除效率，且经处理后的污染物浓度亦符合环保法规。

2. 持久性

需考虑该设备的使用年限，如洗涤液更换频率、活性炭再生时程、触媒有效寿命等。

3. 经济性

有些处理技术虽然解决了废气问题，但往往又产生了二次污染，而二次污染势必又需另行投资其他污染控制设备。另外，系统初始设备、操作费用及维护难易性等均需考虑。成本的考虑是处理技术选择的最主要因素，一般常用的 VOCs 控制技术包括吸附、焚化、冷凝及洗涤等四种。表 6-1 为各种 VOCs 控制技术的优缺点比较。

表 6-1　各种 VOCs 控制技术优缺点比较

处理方法	优点	缺点
吸附法	1. 可批式操作 2. 可回收 VOCs 3. 可适用于低浓度 VOCs，操作范围大	1. 吸收效率渐低，吸附剂需更换或再生 2. 再生后可能会产生水污染 3. 有碳床阻塞及着火之虞
直燃式焚化法	1. 去除效率高 2. 废热可回收再利用	1. 操作费用高 2. 无法回收 VOCs 3. 操作不良时，有二次污染之虞，危险性较高 4. 处理卤化 VOCs 效率较低
触媒式焚化法	1. 温度较低，节省燃料费用 2. 设备不需特殊昂贵材质、耐久性良好、安全性高 3. 不会产生 NO_x 之污染	1. 触媒价格昂贵且有固定使用寿命 2. 触媒易阻塞、毒化，常需要前处理设施 3. 无法回收 VOCs
冷凝法	1. 可回收 VOCs，回收率及回收质量较高 2. 可适用于含卤化 VOCs 的处理	1. VOCs 浓度需大于 5000ppm 2. 对于低分子量、低沸点的 VOCs 不适合 3. 能量消耗大
吸收法	1. 操作简单 2. 初设费较低	1. 对于非水溶性 VOCs 处理效率不高 2. 会产生水污染问题

6.2.2　常见的挥发性有机物及其危害

1. 异丙醇

异丙醇（isopropyl alcohol，IPA）又称为二甲基甲醇（2-propanol dimethyl carbinol），为一种无色、易燃且具有毒性及腐蚀性的液体，可溶解于水、苯、酒精、乙醚、丙酮及氯仿，一个大气压下沸点为 82.3℃，熔点为−88.5℃，正常状况下尚属安定。人类会因接触化妆品、发乳药物及抗冻剂而暴露于异丙醇的环境中。根据物质安全数据表（MSDS）所列，异丙醇液体直接触及眼睛会引起严重刺激，高浓度可能造成头痛及恶心等症状，大量的暴露则会造成意识丧失甚至死亡。此外，异丙醇亦为一种常用的有机溶剂，除可用于工业原料、脱水剂、防冻剂、防腐剂、快干油之外，更可用作树胶、香精油等溶剂，工业上常用于 TFT-LCD、IC 及光电业制程中各项组件的清洗及干燥，然而其所衍生的 VOCs 逸散问题也不容忽视。

2. 苯

苯在工业上为一种常用的溶剂，主要来自于石化工厂、石油精炼工厂、合成橡胶、塑料、纤维、干洗剂、染料、医药、炸药、印刷厂、制鞋厂、木器漆、胶黏剂等产品的原料。加入了苯系物溶剂的油漆会散发出一种芳香的气味，长期暴露于含苯环境中会造成免疫功能衰减、细胞酵素系统功能减弱、白细胞及血小板数目减少，也会导致肿瘤发生率的增加。

3. 甲苯

甲苯被广泛用于工业界，是制造涂料、涂料稀释剂、指甲油、黏着剂、橡胶、印刷品、药品及皮革鞣制程的原料、航空汽油及高辛烷值燃油的掺和料、硝化纤维素漆的稀释剂、塑料玩具及模型飞机的黏合溶剂等。一般人最容易暴露到的甲苯来源就是汽油，汽油中含有 5%～7%的甲苯，因此在交通堵塞的区域、加油站、原油精练厂附近空气中甲苯的浓度都会比较高，长期暴露可能影响听力，引起昏睡、头痛、疲劳、晕眩、眼花、麻木、恶心、精神错乱、动作不协调、抑制中枢神经系统、皮肤炎等症状。

4. 乙苯

环境中乙苯的主要来源是石油工业，是制造涂料、聚苯乙烯、黏着剂及橡胶等的原料，其中用量最大宗为制造苯乙烯（styrene），其他如合成橡胶的制造、汽车及航空燃料成分等用量亦不少。由于它的高蒸气和低可溶性，一经释放将迅速扩散到大气之中。乙苯具有中枢神经毒性，吸入后会刺激脑部，引起头痛、恶心、喉咙痛、流眼泪、流鼻涕及人体血中胆酸增加等症状。

5. 二甲苯

二甲苯具有三种同分异构体，即邻二甲苯（ortho-xylene）、间二甲苯（meta-xylene）及对二甲苯（para-xylene）。二甲苯可直接用作溶剂，但不溶于水，是半导体业、化工业、染整业及农业广泛使用的有机溶剂。对苯二甲酸与乙二醇聚合，可制成聚对苯二甲酸乙二酯，为涤纶纤维的原料；邻苯二甲酸酐是制造多种染料和指示剂的重要原料。工业上二甲苯主要由石脑油重整产物中的 C_8 馏分提取，工业二甲苯由石油制造，含约 20%邻二甲苯、40%间二甲苯、20%对二甲苯及 15%乙苯。从煤焦油提取的二甲苯一般含有 10%～15%的邻二甲苯、45%～70%间二甲苯、23%对二甲苯及6%～10%乙苯。商业级的二甲苯也可能含有少量甲苯、三甲苯、酚及非芳香族碳氢化合物。二甲苯经由呼吸道吸入后，有 55%～65%会滞留于肺中，皮肤接触也是二甲苯暴露吸收的途径之一，大面积皮肤接触会造成全身性中毒。

6.3　铁氧磁体尖晶石触媒的应用

金属氧化物触媒的发展已有久远的历史，可借由调整金属的氧化状态（氧化数），或搭配两种乃至数种金属而发挥特定的催化功效，因此应用十分广泛。铁氧磁体尖晶石不同于一般的金属氧化物之处在于其尖晶石结构允许各种价数的金属离子填入特定的位置，此一特性在调整触媒性质上是十分有用的。

　　本书尝试性地将铁氧磁体尖晶石污泥置入湿式氧化法（wet air oxidation）反应器中，证实其对液相中氨的氧化分解具有催化能力，此外，对含氨废气氧化去除亦有不错的处理效果。由于实验室自行合成铁氧磁体尖晶石作为触媒的研究为数本就不多，而以铁氧磁体尖晶石污泥作为触媒催化挥发性有机物的研究更是寥寥无几，这一方面的研究颇具前瞻性，除了对触媒焚化挥发性有机物的处理有很大帮助外，更使经铁氧磁体程序产生的尖晶石污泥走向资源化的里程碑。现将国内外相关文献摘录如下并整理成表 6-2。

表 6-2　铁氧磁体尖晶石触媒应用一览表

作者	触媒形态	研究内容
Rieck et al.（1990）	钴-铁氧磁体触媒 铜-铁氧磁体触媒	添加 3%～15%铁氧磁体于汽车触媒中，可大幅降低 H_2S 的排放，且仍能满足三元触媒催化性能的要求
Kodama et al.（1995）	镍-铁氧磁体触媒	以超细的镍铁氧磁体触媒将 CO_2 分解为碳的研究
Tsuji et al.（1996）	镍-铁氧磁体触媒	研究以 36%的镍铁氧磁体触媒将 CO_2 甲烷化的成效
Sreekumar et al.（2000）	锌-钴铁氧磁体触媒	探讨本触媒将苯胺（aniline）转化成烷类的可行性
Sreekumar and Sugunan（2002）	钴-镍铁氧磁体触媒	探讨本触媒应用于催化酚（phenol）的效能研究
王能诚（2002）	锰-锌铁氧磁体触媒 锰-镍铁氧磁体触媒	探讨触媒粉末组成、活化时间、反应气体流速对二氧化碳还原反应的影响
Mathew et al.（2004）	铜-钴铁氧磁体触媒	以铜-钴铁氧磁体触媒处理第三丁基酚（tertiary butylation of phenol）的可行性研究
Hwang and Wang（2004）	锰-锌铁氧磁体触媒 锰-镍铁氧磁体触媒	比较锰-锌及锰-镍铁氧磁体触媒对二氧化碳的还原能力
Aniz（2011）	铜-铁氧磁体触媒 钴-铁氧磁体触媒 镍-铁氧磁体触媒	以不同比例合成 Cu、Ni、Co 三元活性中心金属 ferrite 比较其性质差异
Tu et al.（2012）	铜-铁氧磁体触媒	以资源化的铜-铁氧磁体触媒应用于触媒焚化异丙醇的研究
吴婷雅（2013）	Cu-ferrite、Mn-ferrite、Ni-ferrite、Zn-ferrite、Co-ferrite、Pure-ferrite	探讨六种铁氧磁体触媒应用于焚化处理胶带工业废气的可行性
Huang et al.（2015）	铜-镍铁氧磁体触媒	探讨铜-镍铁氧磁体触媒应用于甲醇重组的可行性

　　Kodama 等曾研究以共沉淀法（coprecipitation）制备 16～29nm 超细的镍铁氧磁体触媒（ultrafine Ni(II)-bearing ferrite，UNF），并探讨此触媒于 300℃时将 CO_2 分解为碳的效能。

　　Tsuji 等（1996）曾尝试以 36%的镍铁氧磁体触媒将 CO_2 甲烷化，结果发现在温度为 300℃时，以共沉淀法（coprecipitation）制备的镍铁氧磁体触媒的甲烷产生率为氧化法（oxidation method）的 1.5～6 倍。

Sreekumar 等（2000）曾利用锌-钴铁氧磁体触媒（$Zn_{1-x}Co_xFe_2O_4$，x=0、0.2、0.5、0.8 和 1.0）将苯胺（aniline）转化成烷类，并比较甲醇（methanol）与 DMC（dimethyl carbonate）两种烷化试剂对其转化的效果。结果显示，在低温状态时 DMC 将苯胺转化成 N-monomethylation 有相当不错的效果，而甲醇则无此效果。

Sreekumar 和 Sugunan（2002）曾探讨以钴-镍铁氧磁体触媒（$Ni_{1-x}Co_xFe_2O_4$，x=0、0.2、0.5、0.8 和 1.0）催化酚（phenol）的效能，结果发现酚在甲烷化的过程中会产生 o-cresol 与 2，6 xylenol。

Mathew 等（2004）以铜-钴铁氧磁体触媒（$Cu_{1-x}Co_xFe_2O_4$）处理第三丁基酚（tertiary butylation of phenol），实验参数包括温度、进流浓度、空间流速及触媒组成（$Cu_{1-x}Co_xFe_2O_4$，x=0～1），结果显示催化后的产物为 2-丁基酚（2-tert-butyl phenol）、4-丁基酚（4-tert-butyl phenol）及 2，4-二丁基酚（2，4-di-tert-butyl phenol），本研究并发现第三丁基酚的转化率及选择性亦与触媒表面的酸碱性有关。

Hwang 和 Wang（2004）曾探讨以水热法（hydrothermal process）合成锰-锌铁氧磁体触媒（$Mn_xZn_{1-x}Fe_2O_4$）及锰-镍铁氧磁体触媒（$Mn_xNi_{1-x}Fe_2O_4$）还原二氧化碳的可行性研究，研究结果发现，上述两者铁氧磁体触媒，在相同的锰含量下，锰-锌铁氧磁体触媒对于二氧化碳有较佳的还原能力。

王能诚（2002）以水热法制备高表面积、高活性的（Mn_xZn_{1-x}）Fe_2O_4 及（Mn_xNi_{1-x}）Fe_2O_4 触媒粉末，并探讨触媒粉末组成、活化时间、反应气体流速对二氧化碳还原反应的影响，研究结果显示，经水热条件 150℃、2h 的制备，可得结晶大小为 21～29nm，比表面积为 73～143m^2/g 的锰-锌铁氧磁体触媒。

综上所述，由铁氧磁体程序产制尖晶石触媒的研究已开始被重视，但由废弃重金属污泥中回收高价的金属并产制铁氧磁体触媒的研究则尚显不足。本研究将针对印刷电路板制造业蚀刻废液所产生的铜污泥，结合酸浸出法、化学置换法与铁氧磁体程序，进行印刷电路板业含铜污泥无害化及资源化研究，以期建立一套处理印刷电路板业含铜污泥的技术平台，将有害含铜污泥予以减毒化及无害化，回收有价的铜粉并利用铁氧磁体程序产制备尖晶石触媒，探讨此种触媒应用于触媒焚化处理挥发性有机物（VOCs）的可行性。由于此技术是创新的领域，若能成功，不仅可减少废弃物的产生量及处理成本，并可将有害事业废弃物转变成高经济价值的触媒，以达到清洁生产及资源再利用之目的。

第7章　材料与研究方法

7.1　研究架构及实验流程

7.1.1　研究架构

本研究将针对印刷电路板制造业蚀刻废液所产生的铜污泥，结合酸浸出法、化学置换法与铁氧磁体等程序，进行含铜污泥无害化及资源化研究，研究架构主要可分成四大部分，现详述如下。

1. 实场污泥特性分析

为切实了解印刷电路板业蚀刻废液所产生铜污泥的基本特性，除了对工厂基本数据进行搜集之外，亦实地进入某印刷电路板工厂进行实场污泥采样，并于实验室进行相关的物理化学特性分析，以建立实场污泥物化性质的基本数据。

2. 高效率铜粉回收的研究

本阶段结合酸浸出法及化学置换法，进行铜粉回收的研究。酸浸出法方面，以硫酸作为溶剂，选择硫酸浓度、反应温度及浸出时间等为主要探讨的控制因子，并借由残渣的总残余阳离子浓度（total residual cation concentration，TRCC）为评估指标，建立最佳酸浸出的操作条件。

化学置换法方面，以溶液中铜离子为主要回收对象，选择铁粉为本研究的牺牲金属，以牺牲金属添加量（Fe/Cu 物质的量比）、溶液 pH、搅拌速率及反应温度等为主要探讨的操作因子，并借由铜粉置换率为评估指标，建立铜粉回收的最适化条件。

此外，为了符合放流水法定标准，本研究利用铁氧磁体程序原理，进行上述阶段残液的重金属安定化实验，以硫酸亚铁（$FeSO_4 \cdot 7H_2O$）为铁氧磁体结构中二价铁的来源，探讨不同 Fe/Cu 物质的量比、反应温度、pH 及曝气量对残余铜离子的处理成效，并借由产物总残余阳离子浓度为评估指标，建立最适的操作条件。

3. 尖晶石污泥资源化的研究

经铁氧磁体程序处理后所产生的尖晶石污泥，如不予以资源化，即可以一般事业废弃物进行掩埋处理。本阶段针对经铁氧磁体程序处理后所产生的尖晶石污泥，以振动试样磁力计（VSM）进行产物磁性测定，并对尖晶石产物的应用作一系列的探讨。此外，本研究亦应用铁氧磁体程序产生的尖晶石污泥作为触媒，不经任何加工程序，测试其催化挥发性有机物（以异丙醇为例）的效能，以提升印刷电路板业铜污泥的再利用价值。

4. 合成各种铁氧磁体作为触媒催化 VOCs 的研究

本阶段的研究是以实验室自行合成的五种铁氧磁体（Cu-ferrite、Mn-ferrite、Ni-ferrite、Zn-ferrite、Cr-ferrite）作为触媒，比较实场污泥资源化的尖晶石触媒与实验室自制触媒催化挥发性有机物的效能。

7.1.2　实验流程

图 7-1 所示为本研究的整体实验流程，图 7-2、图 7-3 及图 7-4 则分别为酸浸出实验流程图、化学置换实验流程图及铁氧磁体程序流程图，现将各部分的实验条件详述如下。

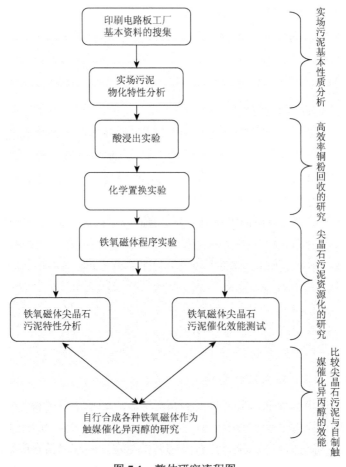

图 7-1　整体研究流程图

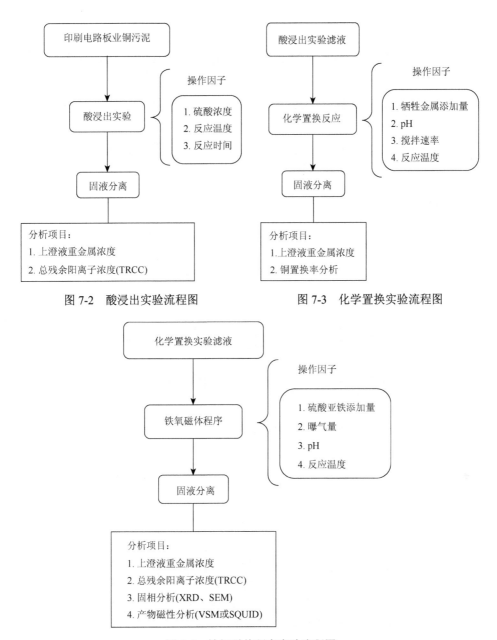

图 7-2　酸浸出实验流程图　　　　　　　图 7-3　化学置换实验流程图

图 7-4　铁氧磁体程序实验流程图

1. 污泥样品及其基本特性分析

本研究所收集的污泥样品，经前处理（破碎、烘干及过筛）后，保存于密封的玻璃容器中，供作基本物理化学性质分析及后续实验使用。本研究样品分析的目的是了解污泥的污染程度，故样品分析项目的选择以能显示污泥的危害性质为主要考虑依据。污泥样品的物理分析项目包括粒径分析、含水率、pH 及烧失量；化学分析项目则有污泥 Cu、Pb、Ni、Zn、Cd、Cr 的重金属全含量测定，此外，亦进行毒性特性溶出实验（TCLP）以作为污泥危害性判定的依据。现将各项目的分析方法简述如下。

1）粒径分析

本研究中的污泥粒径分析实验系以 Coulter LS100 型雷射绕射粒径分析仪进行分析。

2）含水率测定

实验步骤如下：

（1）取干净称量瓶置于烘箱内，以 105℃烘干 2h，然后移至干燥器内冷却备用，于使用前称重；

（2）称取适量的废弃物样品放入已知质量的称量瓶（W_1）中，置于 105℃烘箱中烘干 24h，取出并移入干燥器内，冷却至室温后称重；

（3）将样品再放入 105℃烘箱中，加热 2h 后，取出并移入干燥器内，冷却至室温后称重；

（4）重复步骤（3），直至前后两次质量的差小于 5mg 为止；

（5）计算废弃物含水量。

废弃物含水量的计算方法：

$$W_d = \frac{W_1 - W_2}{W_2 - W_c}$$

式中，W_1 为污泥样品称量瓶，送入烘箱前重（g）；W_2 为污泥样品称量瓶，经烘干后的恒重（g）；W_c 为称量瓶重（g）。

3）pH

实验步骤如下：

（1）称取 20g 废弃物于 50mL 的烧杯内，加入 20mL 试剂水盖上表玻璃，并且持续搅拌悬浮液 5min；

（2）静置悬浮液约 15min，使悬浮液的大部分固体沉淀；

（3）调整电极在架上的位置，使得玻璃电极的玻璃纤孔足以浸入样品的上层澄清液层，以建立良好的电导接触。若使用甘汞和玻璃的组合电极时，只将玻璃圆头部分浸入样品的澄清液层即可；

（4）如果样品的温度和缓冲溶液的温度相差 2℃以上，必须校正所测得的酸碱值；

（5）量测样品的温度并记录之，当样品 pH 接近碱的极限值时，分析员必须控制样品温度于（25±1）℃范围内。

4）烧失量

实验步骤如下：

（1）称取 10g 污泥于 750℃、3h 下灼烧；

（2）计算烧失量。

烧失量的计算方法：

$$烧失量(\%) = \frac{W_1 - W_2}{W_1} \times 100\%$$

式中，W_1 为污泥灼烧前质量（g）；W_2 为污泥灼烧后质量（g）。

5）污泥中重金属全含量的测定方法（酸消化法）

将污泥、残渣及产物予以适当前处理（破碎、烘干），并利用研钵磨成粉末，进行固体消化程序，实验分析步骤如下所示。污泥、残渣及产物重金属总量的测定数据，将有助于了解处理过程中重金属总量的变化情形。

（1）经前处理过后的污泥，精称污泥 1.0g，精确至 0.01g；

（2）加入 10mL 的 1∶1 硝酸，盖上表玻璃，回流加热；

（3）冷却后，加入 5mL 的浓硝酸，并重复此步骤至污泥完全消化；

（4）冷却后，加入 2mL 的水与 3mL H_2O_2（30%），回流加热；

（5）每次以 1mL 的量，继续加入样品并加热，加入 H_2O_2 总体积不可超过 10mL；

（6）冷却后，加入 5mL 浓盐酸与 10mL 的水，回流加热。

6）水中重金属含量分析

水样经消化分解后，直接将其吸入火焰式原子吸收光谱仪或电感耦合等离子体发射光谱仪（ICP-OES），测定其中待测重金属的浓度。

7）毒性特性溶出程序（toxicity characteristic leaching procedure，TCLP）

将污泥、硫酸浸渍后的残渣及铁氧磁体程序反应后的产物，溶出液过滤酸化后利用火焰式原子吸收光谱仪测定其重金属含量。此实验的重要性在于判定重金属污泥、硫酸浸渍后残渣及铁氧磁体程序反应后的产物是否达到法定的无害化标准或重金属再溶出的情形。方法如下：

称取样品 5.0g，置于 500mL 锥形瓶中，加入 96.5mL 蒸馏水，剧烈搅拌 5min，测量溶液的 pH，若 pH<5.0，则选用萃取溶液 A；若 pH>5.0，则加入 1.0N 的 HCl 3.5mL，盖以表玻璃，加热至 50℃，加热 10min 后，待冷却至室温后测量溶液的 pH，若 pH<5.0，则选用萃取溶液 A；若 pH>5.0，则选用萃取溶液 B。

萃取液分 A、B 两种，配置方式如下。

（1）萃取溶液 A：在 1000mL 定量瓶中，将 5.7mL 冰醋酸加入约 500mL 蒸馏水中，再加入 1.0N 的 NaOH 溶液 64.3mL，再利用蒸馏水稀释至刻度，此溶液为 pH 需控制在 4.93±0.05 的萃取液。

（2）萃取溶液 B：在 1000mL 定量瓶中，将 5.7mL 冰醋酸加入约 500mL 蒸馏水中，再加入 1.0N 的 NaOH 溶液 64.3mL，利用蒸馏水稀释至刻度，此溶液为 pH 需控制在 2.93±0.05 的萃取液。

本实验萃取溶液的选用以样品固相 pH 为依据，样品固相 pH 的测定及萃取液的选用方式如下：

取经适当前处理后的污泥 100g 置于萃取容器中，加入样品重量 20 倍的萃取溶液，将萃取容器置于旋转装置上，以每分钟（30±2）次的频率，旋转（18±2）h。萃取完成后以孔隙 0.8μm 的纤维滤纸过滤，将容器中的萃取物固液相分离，将滤液经适当稀释及酸化后以火焰式原子吸收光谱仪或电感耦合等离子体发射光谱仪分析所含重金属含量。由于实验室所制备的样品数量不大，因此将所用样品与萃取液等比例减少，取固相样品 1g，加入 20 倍样品质量的适当萃取溶液，为使过滤所得的滤液量足够，需添加等量的去离子水，并以上述相同程序进行实验。

2. 高效率铜粉回收的实验方法

本阶段以酸浸出法及化学置换法进行高效率铜粉的回收，并于化学置换法后接续铁氧磁体程序，相关实验条件如下。

1）酸浸出法实验设计

取实场污泥 500g，以硫酸为萃取液，加入 10L 进行萃取，控制变因包括硫酸浓度（0.5N，1N，2N）、反应温度（25℃，40℃，50℃）及浸出时间（10min，20min，40min，60min，90min）。酸浸出法的最佳参数以重金属萃取率（即酸浸出残渣的总残余阳离子浓度）来决定，总残余阳离子浓度（TRCC）计算如式（7-1）所示：

$$TRCC = \sum_i^n (C_1 + C_2 + \cdots + C_n) \qquad (7-1)$$

式中，$C_1, C_2, \cdots, C_n$ 为酸浸出残渣中的个别阳离子浓度。

2）化学置换法实验设计

经酸浸出法后，符合 TCLP 标准的污泥即可当作一般事业废弃物予以掩埋，上澄液部分则被收集至化学置换槽进行置换反应。本反应中，以铁粉为牺牲金属来置换液相中的 Cu^{2+}，控制变因包括铁粉添加量（Fe/Cu 物质的量比=1.0，2.0，5.0）、反应温度（25℃，40℃，50℃）、pH（pH=1，2，3）及搅拌速率（200r/min，300r/min，400r/min）。化学置换法的最佳参数取决于最大的铜粉置换率，铜粉的置换率可如式（7-2）所示计算：

$$Cu\ 置换率（\%）= \frac{[Cu]_0 - [Cu]_f}{[Cu]_0} \times 100\% \qquad (7-2)$$

式中，$[Cu]_0$ 为 Cu 的初始浓度（mg/L）；$[Cu]_f$ 为 Cu 反应后的浓度（mg/L）。

3）铁氧磁体程序实验设计

为使化学置换后的上澄液符合放流水标准，故于化学置换法后接续铁氧磁体程序。本阶段的铁离子来源为硫酸亚铁（$FeSO_4 \cdot 7H_2O$），曝气量定于 3L/min，反应的 pH 则以 NaOH 及 HNO_3 来调整。本程序的控制变因包括硫酸亚铁添加量（Fe/Cu 物质的量比=2.0, 5.0, 10.0）、反应温度（60℃，70℃，80℃）、pH（8.0, 9.0, 10.0）及曝气量（每升废液 1.0L/min，3.0L/min，5.0L/min）。铁氧磁体程序的最佳操作参数以铁氧磁体残渣的总残余阳离子浓度来决定，总残余阳离子浓度（TRCC）计算如式（7-1）所示。

3. 尖晶石污泥资源化的研究

本阶段是针对经铁氧磁体程序处理后所产生的尖晶石污泥，以振动试样磁力计进行产物磁性测定，并对尖晶石产物的应用作详尽的探讨。此外，亦针对经铁氧磁体程序处理后所产生的尖晶石污泥，不经任何加工程序，测试其作为触媒催化挥发性有机物（以异丙醇为例）的可行性。在此将针对空白实验、异丙醇进流浓度（400ppm，800ppm，1700ppm）、空间流速（6000h^{-1}，12000h^{-1}，24000h^{-1}）、氧气浓度（16%，21%）等操作参数加以讨论，此外，为了解触媒的衰退现象，以异丙醇进流浓度为 1700ppm、氧气浓度 21%、空间流速 24000h^{-1} 及水气浓度 19%，温度控制在 150℃、175℃、200℃三种温度下，探讨长时间操作（72h）对触媒焚化效率的影响。

4. 各种铁氧磁体触媒催化 VOCs 的研究

为比较铁氧磁体尖晶石污泥与合成触媒的催化效能，于实验室自行合成含各种重金属的铁氧磁体，测试其催化异丙醇的成效。本阶段共分为四部分，包括尖晶石触媒的制备、触媒活性筛选、操作参数对触媒焚化异丙醇效能的探讨及触媒长时间衰退测试，各部分的内容叙述如下。

1）尖晶石触媒的制备

自制合成触媒中，共制作五种尖晶石触媒（分别为 Cu-ferrite 触媒、Mn-ferrite 触媒、Zn-ferrite 触媒、Ni-ferrite 触媒及 Cr-ferrite 触媒），触媒的制备条件为 pH=9.0，反应时间为 60min，温度为 80℃，曝气量为每升废液 3L/min。尖晶石触媒制备完成后，以筛网将其粒径分选为 60～150 目及 150～200 目两类。

2）触媒活性筛选

触媒的筛选，则是将操作温度控制在 150～200℃，异丙醇的进流浓度控制在 1700ppm，氧气浓度为 21%，湿度为 19%，比较含不同金属的尖晶石触媒焚化处理异丙醇的转化率，筛选出一种对异丙醇焚化最具活性及选择性的触媒，以做后续实验研究。

3）操作参数对触媒焚化异丙醇效能的探讨

本节主要是探讨影响触媒焚化异丙醇的各种重要参数，以了解这些操作参数对异丙醇转化率的影响。在此将针对空白实验、Cu 金属覆载量效应、触媒粒径效应、异丙醇进流浓度、空间流速、氧气浓度等操作参数加以讨论。

4）触媒长时间衰退测试

将各项操作参数（异丙醇进流浓度、氧气浓度、空间流速及水气浓度）分别固定为 1700ppm、21%、24000h^{-1}、19%，温度控制在 150℃、175℃、200℃三种温度下，探讨长时间操作（72h）对触媒焚化效率的影响。

7.2 实 验 设 备

7.2.1 实场污泥处理设备

酸浸出法-化学置换法-铁氧磁体程序结合技术批次反应系统为本研究中最主要的设备，包括三部分，即酸浸出槽、化学置换槽及铁氧磁体程序反应装置（图 7-5），材质采用耐酸碱不锈钢（SUS 316）。酸浸出槽尺寸规格为 $\Phi30 \times L45$cm，每次可处理的容量为 32 升，其内部有一个蠕动搅拌器，转速控制在 200～1200r/min，此设备主要目的是将污泥中金属铜浸出以做后续实验；化学

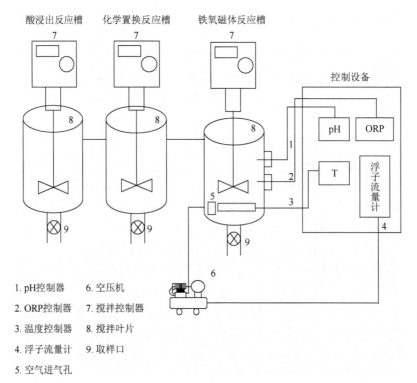

图 7-5 酸浸出法-化学置换法-铁氧磁体程序结合技术批次反应系统

置换槽尺寸规格为 $\Phi30\times L45cm$，每次可处理的容量亦为 32 升，其内部由蠕动搅拌器、转速控制器所组成，转速可控制在 200～1200r/min，此设备主要目的是加速化学置换反应进行；铁氧磁体程序反应装置尺寸规格为 $\Phi23\times L40cm$，每次可处理的容量为 18 升，其内部架设有温度控制器、空气供应器、pH/ORP 控制器及压力阀，此设备主要目的是将化学置换实验后的残留铜离子经铁氧磁体程序而使上澄液及污泥分别达放流水及 TCLP 标准。相关的仪器设备如下。

（1）搅拌器：本研究所使用的搅拌机，其转速控制在 200～1200r/min，巨兴公司制造，型号 DC-2RTM，本实验主要用于搅拌使溶液均匀混合及增加反应速率；

（2）温度控制器：本研究所使用的温度控制器，其温度控制在 0～130℃，巨兴公司制造，型号 DA 5000 系列，本实验主要用于加温；

（3）空气供应器：本研究所使用的空气供应器，其空气供应控制范围在每升废液 0～10L/min，巨兴公司制造，本实验主要用于提供氧气；

（4）pH/ORP 控制器：本研究所使用的 pH/ORP 控制器，pH 控制在 0～14±0.01、ORP 控制范围在（1999±1）MV，巨兴公司制造，型号 PC-310，本实验主要用于控制及监控反应期间 pH 及 ORP 稳定在特定操作条件下；

（5）毒性特性浸出程序装置：用来判定污泥与产物重金属溶出情况，以判断其危害特性；

（6）水平旋转式振荡机：样品振荡混合用，德国制，IKALABORTECHNIK，型号为 KS 501；

（7）去离子水制造机：美国制，Barnstead，型号为 D4741，本实验主要用于制造纯水以供各种试剂配置用和洗涤用；

（8）烘箱：美国制，Memmert，型号为 UM 400-1，用于样品及器皿的烘干。

7.2.2 触媒催化 VOCs 反应设备

触媒催化挥发有机物的反应装置如图 7-6 所示，共分为异丙醇模拟设备、触媒反应设备及产物采样分析设备三部分。

1. 异丙醇模拟设备

本实验中异丙醇的模拟系统主要是利用三种气体，包括异丙醇（isopropyl alcohol）、氮气（N_2）及空气（air），此三种气体分别经由独立的不锈钢管线载送入反应系统中，先经过滤器以除去进流气体中可能含有的水分及杂质，以免造成流量计的损坏。各气体借由质量流量计以控制其进入系统中的流量，气体进入触媒反应系统前，必须先经过气体混合器，将入流气体做均匀的混合后，才能进入触媒反应系统。相关的仪器设备如下：

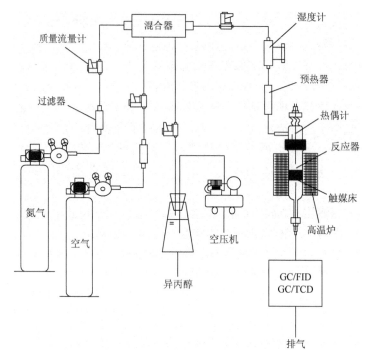

图 7-6 触媒催化反应系统示意图

（1）浮子流量计：流量为 0～80L/min（用于控制高流量空气）、0～10L/min（用于控制低流量空气）、0～250mL/min（用于调整氧气浓度）；

（2）空气压缩机：用于提供系统所需的空气；

（3）气体混合器：用于气体的混合；

（4）异丙醇挥发瓶：容量为 500mL 的窄口玻璃瓶，由中国台湾高雄的南成玻璃公司制造；

（5）高纯度氢气（纯度 99.9997%）、氮气（纯度 99.9997%）、氧气（纯度 99.9997%）：用以模拟异丙醇系统的气体，台湾高雄新和气体公司代理。

2. 触媒反应设备

触媒反应系统主要是将触媒反应管以高温加热炉进行加热，反应管为石英材质，长度为 30cm，内径 2.54cm，管中央有石英垫片以支撑触媒。放置触媒时，在触媒床下先铺设一层石英棉（glass wool）及 5g 的石英砂，以防止触媒于实验过程中被气体析出及触媒颗粒阻塞触媒床上的细孔而产生过大的压力降，触媒填充前先用筛网过筛，使触媒颗粒控制在一定的粒径大小内，待填充完触媒后，最后于触媒上方铺设一层 5g 的石英砂，以使气体能均匀进入触媒床，并且避免扰动触媒床，触媒床正上方置一支 K 型的热电偶，量测管内温度，并通过温度控制器控制高温反应炉中的升温程序。相关的仪器设备如下。

（1）浮子流量计：流量为 0～80L/min（用于控制高流量空气）、0～10L/min（用于控制低流量空气）、0～250mL/min（用于调整氧气浓度）；

（2）质量流量控制器（830 Series Side-Trak^{TM}，Sierra，Monterey，CA，USA）：流量为 0～2L/min（用于控制系统中稀释气体 N_2 的流量）；

（3）气体混合器：Tuner Technology Co.，Ltd，Taiwan；

（4）石英反应管：Tuner Technology Co.，Ltd，Taiwan；

（5）高温加热炉：ET-OV600，Shimaaen，Tokyo，Japan；

（6）湿度计：MRH-2-D，USA；

（7）PID 温度控制器：FP21，Shimaaen，Tokyo，Japan；

（8）热电偶传感器：KT-110，Kirter，Kaohsiung，Taiwan。

3. 产物采样分析设备

进流的混合气体通过触媒反应系统后，使用采样袋于出流处收集反应后的气体，将采样袋采集的气体，注入装有定量阀的气相层析仪中，再利用 GC/FID 分析异丙醇经触媒催化后的产物；另外，以烟道气体分析仪（IMR 2000）及 GC/TCD 做 CO_2 的鉴定分析。相关的仪器设备如下：

（1）采样袋：1L、3L、5L 及 10L 各数个，用于气体的采集；

（2）气相层析仪（GC）：气体定性及定量的主要工具，侦测器为热传导侦测器（thermal conductivity detector，TCD），Shimadzu GC-14A，三光仪器代理，Kaohsiung，Taiwan；

（3）气相层析仪（GC）：气体定性及定量的主要工具，火焰离子化检测器（flame ionization detector，FID），Shimadzu GC-14A，三光仪器代理，Kaohsiung，Taiwan；

（4）GC 分析管柱（column）：column 使用 Porapak Q＋Porapak R，50/80 目，长 1.22 米，SUPELCO，SIGMA-ALDRICH Co.，N.Y.，USA；

（5）烟道气体分析仪：IMR2000，可侦测 O_2、CO、CO_2、NO、NO_2 等气体浓度，使用的方法为电化学法。开电源后，分析仪自动行内部矫正，经180s 后矫正完成即可量测，颐华科技股份有限公司代理，德国。

7.2.3　铁氧磁体尖晶石触媒合成设备

铁氧磁体尖晶石触媒合成设备如图 7-7 所示，实验器材包括 pH 计、电热器、温度计、曝气机、磁石搅拌器等。本实验系统装置主要功能是在生产实验室合成触媒，以比较实验室自制尖晶石触媒与铜污泥资源化的尖晶石触媒对挥发性有机物（以异丙醇为例）的催化能力。相关的仪器设备如下：

（1）pH 计：本研究所使用的 pH 计为 EUTECH pH 5500 系列，在此主要用于监控反应期间 pH 的变化；

（2）电热器：本实验主要用于提供电能，使反应温度上升并用于维持适当的温度；

（3）曝气机：本实验主要用于提供氧气。

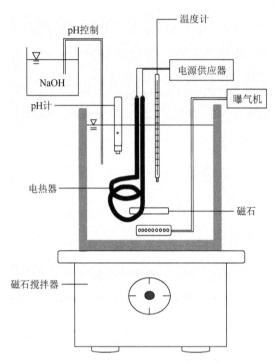

图 7-7　铁氧磁体尖晶石触媒合成设备

7.3　实验药品

（1）UPF-050 铁粉：经 X 射线绕射分析法鉴定出其晶种为磁铁矿（Fe_3O_4）、赤铁矿（Fe_2O_3）及磁赤铁矿（γ-Fe_2O_3）等混合物，其粒径介于 30~50mesh（590~297μm）之间，纯铁含量占 93%~95%，经量测其表面积为 $1.13m^2/g$，高雄市，台湾；

（2）氢氧化钠（sodium hydroxide）：NaOH，摩尔质量 40.0g/mol，制造厂商为日本试药工业株式会社；

（3）硝酸（nitric acid）：HNO_3，摩尔质量 63.01g/mol，制造厂商为日本试药工业株式会社；

（4）浓硫酸（sulfuric acid）：H_2SO_4，纯度 98%，摩尔质量 98.0g/mol，制造厂

商为联工化学试药；

（5）冰醋酸（acetic acid）：CH_3COOH，摩尔质量 60.05g/mol，制造厂商为岛久药品株式会社；

（6）pH 校正液：pH=7 及 pH=10，制造厂商为 J.T.Baker；

（7）硫酸铜（copper（Ⅱ）sulfate pentahydrate）：$CuSO_4·5H_2O$，摩尔质量 249.68g/mol，制造厂商为药理化学工业株式会社；

（8）过锰酸钾（potassium permanganate）：$KMnO_4$，摩尔质量 158.04g/mol，制造厂商为 J.T.Baker；

（9）硫酸镍（nickel sulfate）：$NiSO_4·6H_2O$，摩尔质量 262.85g/mol，制造厂商为日本试药工业株式会社；

（10）硝酸锌（zinc nitrate）：$Zn(NO_3)_2·6H_2O$，摩尔质量 297.49g/mol，制造厂商为日本试药工业株式会社；

（11）重铬酸钾（potassium dichromate）：$K_2Cr_2O_7$，摩尔质量 294.2g/mol，制造厂商为 M&B；

（12）重金属标准品：铜离子、铁离子、铅离子、镍离子、铬离子、镉离子、锰离子、锌离子及钙离子标准液，（1000±2）mg/L，制造厂商为 J.T.Baker；

（13）硫酸亚铁（$FeSO_4·7H_2O$）：摩尔质量 297.49g/mol，制造厂商为日本试药工业株式会社；

（14）异丙醇：$C_3H_7(OH)$，99.5%，Merck co.，Germany；

（15）玻璃纤维滤纸：Whatman GF/F 直径 142mm 的滤纸。

7.4　其他分析仪器

1. 火焰式原子吸收光谱仪（flame atomic absorption spectrometry，FLAA）

本研究所使用的火焰式原子吸收光谱仪为 Shimadzu AA 660 型，其主要用于分析污泥与产物的消化液及浸出液的重金属浓度。

2. 电感耦合等离子体质谱仪（inductively coupled plasma mass spectrometry，ICP-MS）

本研究所使用的电感耦合等离子体质谱仪为 Element Ⅱ，其主要用于分析污泥与产物的消化液及浸出液的重金属浓度。

3. X-Ray 粉末绕射分析仪（X-ray powder diffractometer，XRPD）

X 射线粉末绕射分析仪主要依据 Bragg's Law[$\lambda=(2d\sin\theta)/n$]，n 为任一整数，d 为面距离，θ 为入射角，将 X 光束以 θ 角撞击物质内部，因结晶物质的原子排列具有周期性，不同物种的晶格特性相异，由内部 K 层电子所反射回来的 2θ 角度形成该物种的特定波长，依此可判定其物种的形态。本研究的操作条件为电压 40kV、电流 30mA、Cu 靶、Kα 射线、Ni 滤片、2θ 绕射角度 20～80°、扫描速率为 5°/min。经扫描出的图谱可利用 D-500 数据处理软件及 JCPDS（joint committee on powder diffraction standards）数据库的数据，进行污泥及铁氧磁体粉末产物等物种的鉴定。

4. 扫描式电子显微镜（scanning electron microscope，SEM）

本实验所使用的 SEM 为 JSM-6330 机型，除了能进行影像观察外，也能利用电子撞击产生的 X 射线，进行 X 射线能谱分析仪（energy dispersive X-ray spectrum，EDS）定性分析固体的化学元素成分及半定量分析。扫描式电子显微镜是利用高能量的电子聚焦光束，扫描试体的表面。利用正偏讯号收集器将二次电子产生的低能量转换成可显示于阴极管的信号，如此便能产生影像而加以观测。进行 SEM 观察之前，必须先将试体表面镀碳，使电子束打在试体后能导电。扫描能量范围由 0 到 10.23kV，扫描时间为 100s，进行铜粉定性及半定量分析。

5. 能量分散光谱仪（energy dispersive spectrometer，EDS）

本设备可探测其固体材料的化学元素组成，可用于定性与半定量分析的方法。分析的原理是利用电子束打到固体材料试样，使之激发放出 X 光，再借由 X 光的能量与强度大小来鉴定触媒的元素成分。本研究利用 SEM 中附加的能量分散光谱仪（EDS）进行沉积物的半定量分析。

6. 振动试样磁力计（vibrating sample magnetometer，VSM）

本研究系使用 Digital Measurement System Model 880，利用化学称量天平精称试样质量并记录，将称量过的试样用树脂包封固定于细石英管内（内径 4mm，外径 6mm，管长 7.5mm），再利用振动试样磁力计（vibrating sample magnetometer，VSM）测定其饱和磁化量（Ms）及磁导率（μ），设定其外加磁场为 13333Oe。每次操作前以磁性大小相当的纯镍作仪器的校正，以确保测量的精确性。

7. 比表面积分析仪（Brunauer，Emmett and Teller analyzer，BET analyzer）

BET 即在线测量触媒的比表面积（specific surface area），并对触媒的孔洞体积（pore volume）、平均孔洞直径（average pore diameter）逐一量测。其测定原理是利用氮气于 –196℃下进行物理性吸附，以测量氮气的吸附量，并以 BET 方程式求得表面积，计算出总孔体积，进一步以 D-R 方程式求得微孔体积（micropore volume）。使用仪器型号为 Micromeritics Co.，Model ASAP 2010，Georgia，USA。

此外，为了解铁氧磁体尖晶石污泥的触媒潜能，亦利用比表面积分析仪进行触媒的比表面积、孔隙率及平均孔洞直径的量测。

8. 粒径分析仪（particle size analyzer）

本研究中的污泥粒径分析实验系以雷射绕射粒径分析仪（Coulter LS 100，USA）进行分析，其原理主要利用雷射光经过粉体所产生的散射光来测得污泥的粒径分布。

第8章 污泥产制触媒参数优化程序

8.1 实场污泥基本特性分析

本研究实场污泥为台湾高雄市某工业区印刷电路板工厂蚀刻废液所产生的重金属污泥,以铜为主要污染物。图 8-1 为其废水处理流程,为使产生的废水达到放流水标准,该厂以传统的中和沉降方式将液相的重金属沉淀下来,且其每天产生的污泥量约为 1.5t,沉淀产生的污泥经脱水干燥后,厂方即将此污泥委托待处理业者进行处理。

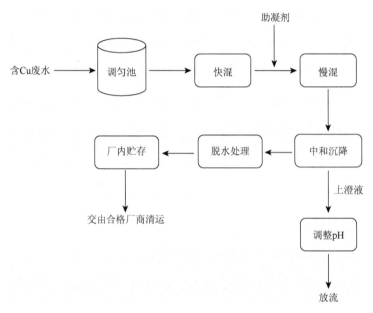

图 8-1 某印刷电路板厂的废水处理流程

本研究所采集的实场污泥物理性质如表 8-1 所示,其含水率约为 60%;pH 约为 7.05;烧失量方面,由于污泥含有少量高分子凝聚剂,故烧失量在 23%左右;污泥粒径则主要分布于 0.4~200μm,粒径中位数 D_{50} 为 25.0μm。此外,依照环境保护局公告的污泥中重金属全含量测定方法进行实场污泥的重金属全含量测定,结果发现污泥中含 Cu、Pb、Cd、Zn、Ni 及 Cr 等重金属,以 Cu 含量 158 000mg/kg(干基)为最多,其余重金属含量皆低于 105mg/kg(干基)。

表 8-1　实场污泥物理性质

物理性质	实场污泥
外观	由黑色混杂的颗粒及结块所构成
含水率/%	60
pH	7.05
烧失量/%	23
粒径/μm	0.4～200
D_{50}/μm	25.0
Cu/ [mg/kg（干基）]	158 000
Pb/ [mg/kg（干基）]	17.5
Cd/ [mg/kg（干基）]	1.76
Zn/ [mg/kg（干基）]	0.58
Ni/ [mg/kg（干基）]	105.0
Cr/ [mg/kg（干基）]	48.25

　　观察实场污泥的表面形态，发现污泥的表面形状变异性大，颗粒呈现胶结状，推测此为污泥本身的吸湿黏结特性所造成。此外，为进一步确认污泥的重金属溶出毒性，将实场污泥样品依照毒性特性溶出程序（toxicity characteristic leaching procedure，TCLP）进行毒性溶出实验，测试结果如表 8-2 所示。结果显示，污泥经 TCLP 测试后，溶出 Cu 的浓度为 612.0mg/L，远超过法规的最大限值 15.0mg/L，属于有害事业废弃物。

表 8-2　实场污泥 TCLP 测试结果

重金属种类	TCLP 浓度/（mg/L）	TCLP 法规限值/（mg/L）
Cu	612.0	15.0
Pb	3.3	5.0
Cd	N.D.	1.0
Zn	8.1	—
Ni	26.4	—
Cr	N.D.	5.0

注：—表示目前尚无法定标准；N.D.表示低于侦测极限致无法检出（not detectable）。

8.2　酸浸出法最佳参数的探讨

8.2.1　硫酸浓度效应

　　图 8-2 所示为酸浸出残渣中不同硫酸浓度对总残余阳离子浓度的影响。由图

中发现，在反应温度为 50℃，浸出时间为 60min 的情况下，总残余阳离子浓度明显随着硫酸浓度的增加而有显著减少的趋势，表明硫酸浓度越高，重金属的萃取率越高。此外，由式（3-1）的反应发现，当酸浓度越高时，可浸出的重金属离子亦越多，故知在酸浸出实验中，所选的硫酸浓度为一个重要的因子。

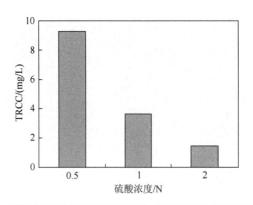

图 8-2　酸浸出残渣中不同硫酸浓度对总残余阳离子浓度的影响

8.2.2　反应温度效应

图 8-3 所示为酸浸出残渣中不同反应温度对总残余阳离子浓度的影响。由图可发现，在硫酸浓度为 2N，溶出时间为 60min 的情况下，随着反应温度的增加，总残余阳离子浓度有明显增加的趋势，说明反应温度越高，重金属的萃取率越高。因此在酸浸出实验中，所选择的反应温度亦为一个重要的因子。

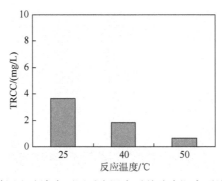

图 8-3　酸浸出残渣中不同反应温度对总残余阳离子浓度的影响

8.2.3　浸出时间效应

图 8-4 所示为酸浸出残渣中不同溶出时间对总残余阳离子浓度的影响。由图中可知，在硫酸浓度为 2N，反应温度为 50℃的情况下，随着浸出时间的延长，

总残余阳离子浓度有减少的趋势，说明在浸出时间为 90min 时有最小总残余阳离子浓度，即有最大的重金属萃取率。于实场操作时，因 60min 与 90min 的总残余阳离子浓度相差不大，但在实际处理程序上，操作时间的缩短意味着处理成本的降低，故选用 60min 为本研究酸浸出法的最佳浸出时间。

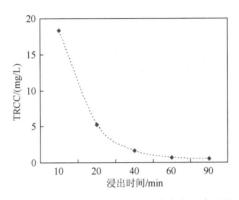

图 8-4　酸浸出残渣中不同浸出时间对总残余阳离子浓度的影响

8.2.4　酸浸出实验残渣

为了确定酸浸出实验后所产生的残渣是否无重金属再溶出的可能性，针对酸浸出实验所产生的残渣进行 TCLP 测试，结果如表 8-3 所示。实验结果显示，经酸浸出实验后所产生的残渣皆符合目前法规限值，如不进一步作为他用，可被视为一般废弃物处理。

表 8-3　酸浸出残渣 TCLP 测试结果

	Cu	Pb	Zn	Ni
TCLP 法规限值/（mg/L）	15	5	—	—
TCLP 测试结果/（mg/L）	0.78	N.D.	N.D.	N.D.

注：—表示目前尚无法定标准；N.D.表示低于侦测极限致无法检出（not detectable）。

8.2.5　酸浸出法综合评论

综上所述，发现在酸浸出实验所探讨的控制变因中，以硫酸浓度为最显著的影响因子，总残余阳离子浓度明显随着硫酸浓度的增加而有显著减少的趋势，表明硫酸浓度越高，重金属的萃取率越高；反应温度方面，随着温度的增加，总残余阳离子浓度有明显增加的趋势，说明反应温度越高，重金属的萃取率越高；浸出时间则随时间的增加而有越来越多的重金属被浸出，但基于成本考虑，选择以 60min 为本次酸浸出实验的最佳反应时间。故酸浸出实验的最佳操作参数即为硫酸浓度 2N，反应温度 50℃，浸出时间 60min。经由酸浸出实验后，液相中含高浓度的铜离子，浓度范围为 70000～80000mg/L。

8.3　化学置换法最佳参数的探讨

8.3.1　铁粉添加量对铜粉置换率的效应

图 8-5 所示为化学置换法中不同铁粉添加量对铜粉置换率的影响。由图可知，在反应条件为搅拌速率 200r/min，pH2.0，反应温度 50℃，反应时间 30min 的情况下，随着铁粉添加量的增加，铜粉置换率有明显增加的趋势，当铁粉添加量 Fe/Cu 为 5.0 时，铜粉置换率可达 95.88%，说明铁粉添加量越高，可被置换的金属铜粉越多，故知在化学置换实验中，所选择的铁粉添加量（Fe/Cu 物质的量比）为一个重要的因子。

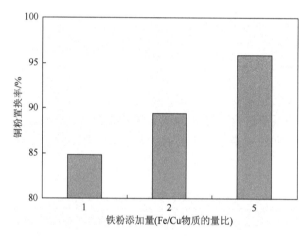

图 8-5　化学置换法中不同铁粉添加量对铜粉置换率的影响

文献中曾提及化学置换反应速率随着牺牲金属表面积增大而增加，表面积增加意味着所能提供的活化位置增多，使得化学置换速率提高。若牺牲金属添加量不足时会产生竞争效应，使得置换效率降低，但添加过量的牺牲金属对于后续回收产物的质量将产生负面的影响。

8.3.2　反应温度对铜粉置换率的效应

图 8-6 所示为化学置换法中不同反应温度对铜粉置换率的影响。图中显示，在反应条件为搅拌速率 200r/min，铁粉添加量 Fe/Cu=5.0，pH=2.0，反应时间 30min 的情况下，随着反应温度的增加，铜粉置换率有明显增加的趋势，表明反应温度

越高，则有越多的铜粉被置换。因此在化学置换实验中，所选择的反应温度亦为一个重要的因子。

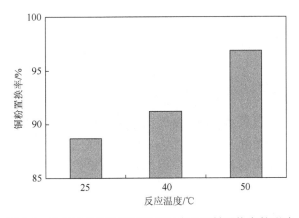

图 8-6　化学置换法中不同反应温度对铜粉置换率的影响

8.3.3　pH 对铜粉置换率的效应

图 8-7 所示为化学置换法中不同 pH 对铜粉置换率的影响。由图中发现，在反应条件为搅拌速率 200r/min，铁粉添加量 Fe/Cu=5.0，反应温度 50℃，反应时间 30min 的情况下，铜粉置换率随着 pH 的增加而有显著减少的趋势，表明 pH 越低，可被置换的铜粉越多。说明反应系统 pH 越低，越易使牺牲金属表面附着的氧化物溶解，进而增加表面活化位置，促进反应速率加快而提高铜粉置换率；若反应系统的 pH 增加，则会使液相中的自由态铜离子形成氢氧化物沉淀，减少铜-铁表面的接触面积，而降低置换效率。故知在化学置换实验中，所选择的 pH 为一个重要的因子。

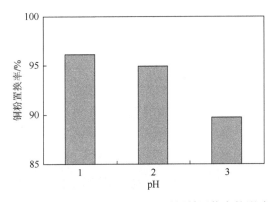

图 8-7　化学置换法中不同 pH 对铜粉置换率的影响

　　pH 对于液相系统的物种成分分布具有很大影响，在高 pH 的状况下，会形成氢氧化物沉淀而在表面形成一层膜阻碍反应进行，使得置换速率降低；相反，溶液处于低 pH 的情况下，将造成铁粉消耗量的提高，这是因为溶液中氢离子与铁的反应所造成。许多的研究均显示最佳 pH 介于 1～2 时为化学置换法操作最佳范围，不仅可使得反应速率增加，亦可减少牺牲金属的消耗量。

8.3.4　搅拌速率对铜粉置换率的效应

　　图 8-8 所示为化学置换法中不同搅拌速率对铜粉置换率的影响。图中显示，在反应条件为铁粉添加量 Fe/Cu=5.0，pH=2.0，反应温度 50℃，反应时间 30min 的情况下，铜粉置换率随着搅拌速率的增加略微减少，此结果与理论认知并不相符，理论上，增加搅拌速率可提高传质效果而提升反应速率，但结果显示搅拌速率的变化对铜粉的置换率影响有限。故知在化学置换实验中，所选择的搅拌速率为一个不显著的因子。

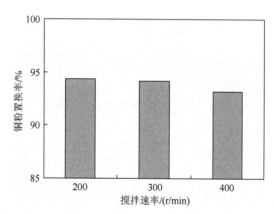

图 8-8　化学置换法中不同搅拌速率对铜粉置换率的影响

8.3.5　化学置换法综合评论

　　综上所述，在化学置换实验所探讨的控制变量中，以铁粉添加量为最显著的影响因子；搅拌速率的影响效应则不太明显，基于成本考虑，选择搅拌速率 200r/min 为本次化学置换实验的最佳搅拌速率；pH 方面，虽然 pH=1.0 时的铜粉置换率（96.12%）优于 pH=2.0 时的铜粉置换率（94.98%），但考虑后续铁氧磁体程序的反应 pH 为碱性条件，选择 pH=2.0 为本次化学置换实验的最佳 pH。故化学置换实验的最佳操作参数即为铁粉添加量 Fe/Cu 物质的量比 5.0，pH2.0，反应温度 50℃，搅拌速率 200r/min，且经由此条件所置换的铜粉可达 95.0%以上。

8.4　铁氧磁体程序最佳参数的探讨

由于化学置换后的上澄液铜离子浓度范围为 700~800mg/L，与放流水铜离子法定标准 3mg/L 相差甚远，为使化学置换后的上澄液符合放流水标准，故于化学置换法后接续铁氧磁体程序，进行上澄液的重金属处理。

8.4.1　硫酸亚铁添加量对总残余阳离子浓度的效应

图 8-9 所示为铁氧磁体程序中不同硫酸亚铁添加量对总残余阳离子浓度的影响。由图可知，在反应条件为反应温度 80℃，pH10，曝气量为每升废液 3L/min，反应时间 30min 的情况下，随着硫酸亚铁添加量的增加，总残余阳离子浓度有明显减少的趋势，当硫酸亚铁添加量 Fe/Cu=10.0 时，总残余阳离子浓度仅剩 0.21mg/L，说明硫酸亚铁添加量越高，则有越多重金属被捉附于铁氧磁体的尖晶石结构中，液相中的重金属浓度相对减少，故知在铁氧磁体程序实验中，所选择的硫酸亚铁添加量（Fe/Cu 物质的量比）为一个重要的因子。

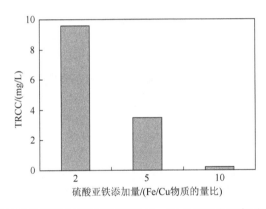

图 8-9　铁氧磁体程序中不同硫酸亚铁添加量对总残余阳离子浓度的影响

铁氧磁体的形成需要有足够的铁离子，且和二价铁离子与三价铁离子之间的比例有关。亚铁离子添加量最少是废水中除铁以外所有重金属离子物质的量浓度的 2 倍。在处理含重金属废水过程中，加入的铁盐最小值与欲去除的重金属类型有关，对于易转换成铁氧磁体的重金属如锌及锰等，铁盐加入量为废水中重金属离子物质的量浓度的 2 倍即可，对于那些不易形成铁氧磁体的金属如铅及铜，则需增大铁盐添加量。因此，对于被处理的废水而言，首先要测出亚铁离子以外的重金属物质的量浓度，然后再加入亚铁离子，使废水中亚铁离子的物质的量浓度为废水中重金属总物质的量浓度的 2~10 倍。

8.4.2　反应温度对总残余阳离子浓度的效应

图 8-10 所示为铁氧磁体程序中不同反应温度对总残余阳离子浓度的影响。图中显示，在反应条件为硫酸亚铁添加量 Fe/Cu=5，pH10，曝气量为每升废液 3L/min，反应时间 30min 的情况下，随着反应温度的提升，总残余阳离子浓度有明显降低的趋势，表明反应温度越高，重金属的处理效能越佳，文献中亦曾提及增高温度将有助于颗粒混凝，以形成颗粒密实且易于过滤的铁氧磁体尖晶石结构，并可提高铁氧磁体本身的稳定性。因此在铁氧磁体程序实验中，所选择的反应温度为一个重要的因子。

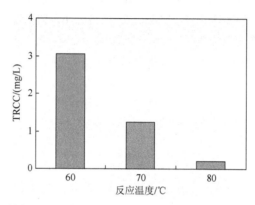

图 8-10　铁氧磁体程序中不同反应温度对总残余阳离子浓度的影响

反应温度对于磁铁矿 Fe_3O_4 的形成影响很大，根据 Tamaura 研究指出，合成铁氧磁体产物最佳温度范围在 65℃以上，当溶液温度范围在 40~65℃时会形成 α-FeOOH 而抑制 Fe_3O_4 的生成；Hamada 指出当温度范围在 40℃以上时才适合 Fe_3O_4 的生成，当温度在 30~40℃之间会形成 α-FeOOH；Mandaokar 指出当温度控制在 50℃以上，在反应时间 45min 内可生成具磁性铁氧磁体，而在低温下操作将会形成非磁性的巧克力胶状物。

另外，由 Perez 及 Yoshiaki 提出在铁氧磁体生成步骤中，脱水过程为生成铁氧磁体的限制步骤，故提高溶液温度将有助于减少脱水过程所需的时间。张健桂及涂耀仁针对实验室废液进行研究指出铜最佳处理条件为 80℃。综合上述学者的研究成果可发现合成铁氧磁体的最佳温度范围在 60℃以上。

8.4.3　pH 对总残余阳离子浓度的效应

图 8-11 所示为铁氧磁体程序中不同 pH 对总残余阳离子浓度的影响。由图中发现，在反应条件为硫酸亚铁添加量 Fe/Cu=5，反应温度 80℃，曝气量为每升废

液 3L/min，反应时间 30min 的情况下，总残余阳离子浓度随着 pH 的增加而有显著减少的现象，表明 pH 越高，重金属的处理效能越佳。当反应系统处在碱性环境下使得铁氧化物表面呈现一种电负性现象，易吸附溶液中阳离子进行反应，以进一步生成铁磁性氧化物，此为总残余阳离子浓度随 pH 提高而降低的主要原因，且 pH 控制在 9.0~10.0 范围内为其最佳水平，此与文献所得结果相同。故知在铁氧磁体程序实验中，所选择的 pH 为一个重要的因子。

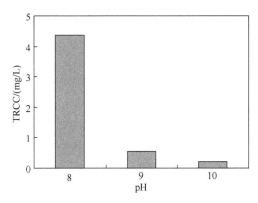

图 8-11　铁氧磁体程序中不同 pH 对总残余阳离子浓度的影响

影响铁氧磁体形成的条件很多，其中 pH 影响较大，如果 pH 控制不当，形成的铁氧磁体就不完全，结构就不紧密，或根本无法生成铁氧磁体，而是形成尚未完成铁氧磁体化的氢氧化物。根据 Mandaokar 研究显示，当溶液 pH 控制在 9.0~10.5 可生成铜系铁氧磁体，且 pH 控制根据溶液中金属离子的浓度决定，水溶液中含高浓度金属离子时所需控制 pH 稍高。

Tamaura 也指出将溶液 pH 控制在 9.0~10.5 为铁氧磁体生成的最佳范围，并指出 pH<9.0 时易生成 green rust Ⅱ绿色非磁性中间产物及 pH>10.5 时易生成 γ-FeOOH 杂相产生。Kaneko 研究指出生成镉系铁氧磁体的最佳 pH 为 10.0，但 Hamada 引述 Misawa 在 1969 年提出生成 Fe_3O_4 最佳 pH 范围在 8.0~9.5。宋宏凯针对电镀废水进行研究指出，形成铜系铁氧磁体最佳条件为 pH=11.0。张健桂及涂耀仁针对实验室废液进行研究指出铜最佳处理条件为 pH=10.0。综合上述学者的研究成果可知，合成铁氧磁体的最佳 pH 范围为 9.0~10.5。

8.4.4　曝气量对总残余阳离子浓度的效应

溶解氧是铁氧磁体程序必要的反应物，其供应量是否充足直接影响铁氧磁体的生成。图 8-12 所示为铁氧磁体程序中不同曝气量对总残余阳离子浓度的影响。实验结果显示，在反应条件为硫酸亚铁添加量 Fe/Cu=5，反应温度 80℃，pH10.0，反应时间 30min 的情况下，曝气量为每升废液 3.0L/min 与每升废液 5.0L/min 的总残余阳离子浓度差异不大，可知每升废液 3.0L/min 的曝气量对铁氧磁体程序的处理已经足够，于实场应用时，曝气的均匀性可能要比曝气量更为重要。

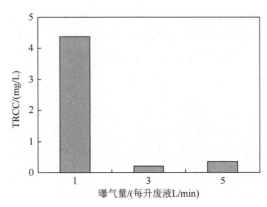

图 8-12　铁氧磁体程序中不同曝气量对总残余阳离子浓度的影响

　　Mandaokar 于其研究中提及，氢氧化铁可经由空气进一步氧化形成磁铁矿 Fe_3O_4，但须先经水解形成羟基复合物（hydroxyl complex），因此羟基复合物层的总表面积大小就成为反应的重要因素。若通气速率太慢，则因 $Fe(OH)_2$ 的凝集而减少羟基复合物层的总表面积；若通气速率太大，则使羟基复合物层的总表面积层厚度减少，而使表面积减少，故通气速率大于 400L/h 或小于 100L/h 并不适合铁氧磁体的形成。此外，适当增加空气供应量可使得质子释放率增加，造成 ORP 上升而加速反应进行，缩短反应所需时间，但随着空气量快速增加，对铁氧磁体反应后的产物却造成负面影响，其产物由具磁性黑色固溶体转变成非磁性橙色固溶体。

8.4.5　铁氧磁体程序实验残渣

　　经铁氧磁体程序处理后所得的磁性产物拟作为资源化产品再利用，产物是否无重金属再溶出之虞则为评判的首要关键，故针对铁氧磁体程序实验各因子所产生的产物进行 TCLP 测试，结果如表 8-4 所示。表中显示经铁氧磁体程序实验后所产生的产物皆符合目前法规限值，并无重金属溶出之虞，其再利用可能性及方向，将于后续章节作进一步探讨。

表 8-4　铁氧磁体程序残渣 TCLP 测试结果

	Cu	Pb	Zn	Ni
TCLP 法规限值/（mg/L）	15	5	—	—
TCLP 测试结果/（mg/L）	1.18	N.D.	N.D.	N.D.

注：—表示目前尚无法定标准；N.D.表示低于侦测极限致无法检出（not detectable）。

8.4.6　铁氧磁体程序综合评论

综上所述，发现在铁氧磁体程序实验所探讨的控制变量中，硫酸亚铁添加量、反应温度及 pH 皆为显著的影响因子。pH 方面，虽然 pH10.0 时总残余阳离子浓度仅为 0.21mg/L，优于 pH9.0 时的总残余阳离子浓度 0.54mg/L，但为使放流水的 pH 不经调整即符合放流水 pH 标准（pH 介于 6.0～9.0），本研究选择 pH9.0 为本次铁氧磁体程序实验的最佳 pH。故铁氧磁体程序实验的最佳操作参数即为硫酸亚铁添加量 Fe/Cu 物质的量比为 10.0，pH9.0，反应温度 80℃，曝气量为每升废液 3L/min，反应时间 30min，在此操作条件下，不论上澄液（表 8-5）或污泥的 TCLP（表 8-4），所有重金属浓度均远低于法规标准，证明了铁氧磁体程序绝佳的处理成效。

表 8-5　铁氧磁体程序上澄液分析结果

	Cu	Pb	Zn	Ni
放流水标准/（mg/L）	3.0	1.0	5.0	1.0
上澄液/（mg/L）	0.21	N.D.	N.D.	N.D.

注：N.D.表示低于侦测极限致无法检出（not detectable）。

8.4.7　重金属的质量平衡

由于铁氧磁体程序需在高 pH（pH＞8.0）下进行才可获得高质量的尖晶石结构，但在高 pH 环境下，重金属离子易与溶液中的 OH^- 形成 $M(OH)_2$。以本研究为例，Cu^{2+} 可能与溶液中的 OH^- 形成 $Cu(OH)_2$ 沉淀，而非被嵌入尖晶石结构中，于 TCLP 测试时，Cu^{2+} 又被溶解于液相中，无法通过 TCLP 测试。此外，文献中亦曾提及，在碱性溶液中，Cu^{2+} 可能被 Fe^{2+} 还原生成 Cu_2O，部分 Cu_2O 又与溶氧进一步反应生成 CuO 沉淀，认为这也可能是引起 TCLP 时 Cu 溶出量偏高的原因。

但由表 8-4 及表 8-5 发现，在本研究测试中，铁氧磁体程序在上澄液及污泥的 TCLP 测试中铜离子浓度皆能符合现今法规标准，有极佳的稳定性，可见液相中的 Cu^{2+} 有绝大多数被捉附于铁氧磁体尖晶石晶格中，仅有少数的 Cu^{2+} 以其他形式的沉淀物［$Cu(OH)_2$、Cu_2O、CuO］存在于污泥中，这些非尖晶石结构的沉淀物于 TCLP 测试时则又将以 Cu^{2+} 的形式溶出于液相中。表 8-6 所示即为铁氧磁体程序中重金属的质量平衡数据，由表中发现，于初始重金属浓度为 700mg/L 的液相中，经铁氧磁体程序处理后的污泥，仅有 1.18mg/L 的 Cu^{2+} 于 TCLP 测试时被溶出于液相中，证明有 99%以上的 Cu^{2+} 被嵌入于尖晶石晶格中，并以铁氧磁体的形式稳定存在于污泥中。

表 8-6　铁氧磁体程序中重金属质量平衡数据

重金属		Cu
液相中重金属初始浓度（mg/L）*		700
铁氧磁体程序反应后的重金属浓度	上澄液/（mg/L）	0.21
	TCLP/（mg/L）**	1.18
	嵌入尖晶石结构的重金属百分比/%	99.80

*液相中重金属初始浓度指经化学置换法后液相中的铜离子浓度；

** TCLP 溶出量代表没有嵌入尖晶石结构中的铜离子浓度。

8.4.8　重金属进入尖晶石结构的机制

根据铁氧磁体程序的反应机构，在含 Fe^{2+} 及 M^{2+} 金属离子的水溶液中加入碱液，使其产生绿色非磁性的 $M(OH)_2$ 与 $Fe(OH)_2$ 沉淀物，溶液在平衡时，会有 M^{2+} 及 Fe^{2+} 的金属羟基复合物（hydroxyl complex）存在，见式（8-1）～式（8-3）：

$$M^{2+}+2OH^- \longrightarrow M(OH)_2 \tag{8-1}$$

$$2Fe^{2+}+4OH^- \longrightarrow 2Fe(OH)_2 \tag{8-2}$$

$$M(OH)_2+2Fe(OH)_2 \longrightarrow [M(OH)]^++2[Fe(OH)]^++3OH^- \tag{8-3}$$

在含 M^{2+} 及 Fe^{2+} 的金属羟基复合物水溶液中通入空气，空气中的氧溶于溶液中形成溶解氧，水中溶解氧[O]将 Fe^{2+} 氧化成 Fe^{3+}，并与金属羟基复合物反应形成铁系羟基复合物（ferrosic complex），反应见式（8-4）及式（8-5）：

$$\frac{1}{2}O_2 \longrightarrow [O] \tag{8-4}$$

式中，[O]代表溶解氧。

$$[M(\text{II})(OH)]^++2[Fe(\text{II})(OH)]^++H_2O+[O] \longrightarrow$$

$$\left[Fe(\text{III}) \begin{matrix} OH \\ OH \end{matrix} M(\text{II}) \begin{matrix} OH \\ OH \end{matrix} Fe(\text{III}) \right]^{4+} +OH^- \tag{8-5}$$

生成的铁系羟基复合物，再与碱进行反应，即生成铁氧磁体尖晶石，反应如式（8-6）：

$$\left[Fe(\text{III}) \begin{matrix} OH \\ OH \end{matrix} M(\text{II}) \begin{matrix} OH \\ OH \end{matrix} Fe(\text{III}) \right]^{4+} +4OH^-$$

$$\longrightarrow MFe_2O_4+4H_2O \tag{8-6}$$

总反应式可写成式（8-7）：

$$xM^{2+}+(3-x)Fe^{2+}+6OH^- + \frac{1}{2}O_2 \longrightarrow M_xFe_{(3-x)}O_4+3H_2O \qquad (8-7)$$

由式（8-1）～式（8-7）铁氧磁体程序的反应机制可知，金属氢氧化物的"水解"为反应的起始步骤，也就是说铁氧磁体尖晶石形成的机制取决于金属氢氧化物"水解常数"的大小，表 8-7 所示即为各重金属氢氧化物的第一解离常数。水解常数越大者，越易形成$[M(OH)]^+$的金属羟基复合物，接着在氧气充足及碱液足够的环境下，即可生成铁氧磁体尖晶石结构。其水解反应可表示如式（8-8）：

$$M(OH)_n \Longleftrightarrow M(OH)_{n-1}^{(n-1)+} + OH^- \qquad (8-8)$$

表 8-7　重金属氢氧化物的第一解离常数

反应式	$\log K$
$Cr(OH)_3 \Longleftrightarrow Cr(OH)_2^+ + OH^-$	−3.47
$Cu(OH)_2 \Longleftrightarrow Cu(OH)^+ + OH^-$	−8.0
$Zn(OH)_2 \Longleftrightarrow Zn(OH)^+ + OH^-$	−8.96
$Ni(OH)_2 \Longleftrightarrow Ni(OH)^+ + OH^-$	−9.86

由于在碱性环境中重金属的羟基复合物大多是以$M(OH)_2$的沉淀物形式存在，因此式（8-1）所表示的$M(OH)_2$解离成$[M(OH)]^+$的反应为铁氧磁体程序的速率限制步骤。

第9章　产物特性鉴定与触媒催化测试

9.1　尖晶石污泥资源化的研究

9.1.1　铁氧磁体程序产物组成鉴定

为进一步将铁氧磁体程序产生的污泥资源化，本节将针对铁氧磁体程序的产物进行组成鉴定，主要利用扫描式电子显微镜（SEM）观察污泥表面微结构及微粒粒径分布情形。此外，为了解污泥的组成晶相，进一步以 X 光粉末绕射仪（XRD）进行产物晶相组成鉴定。图 9-1 所示为铁氧磁体程序污泥 SEM 照片，由 SEM 照片显示，经铁氧磁体程序后所产生的污泥外观呈球状，原始粒径（primary particle size）范围为 30～110nm。

图 9-1　铁氧磁体程序污泥 SEM 图

图 9-2 所示为铁氧磁体程序污泥 XRD 晶相图，由图中可知，经铁氧磁体程序后所产生的污泥皆为尖晶石（ferrite）结构，主要晶相为 Fe_3O_4 与 $CuFe_2O_4$，其中 Fe_3O_4 为典型的尖晶石磁铁矿（magnetite），结构中包含一个 Fe^{2+}、两个 Fe^{3+} 及四个 O^{2-}，具有八面体及四面体位置，其中 Fe^{3+} 占据八面体及四面体位置，Fe^{2+} 仅占据八面体位置。Fe_3O_4 的主要晶癖为八面体、菱形、立方、球状等，具有磁性，为早期制铁、磁铁或磁针的原料；$CuFe_2O_4$ 则为铜-铁尖晶石结构，由一个 Cu^{2+}、两

个 Fe^{3+} 及四个 O^{2-} 所组成。由以上鉴定的结果显示，本研究成功地将溶液中含铜离子借由铁氧磁体程序进行表面包覆（coating），使铜离子在特定条件下通入空气，然后借由在已形成的 Fe_3O_4 颗粒表面进行反复的吸附及氧化反应，将溶液中铜离子嵌入尖晶石结构中，最终形成尖晶石产物，使得铜离子无再溶出的疑虑，并产生具磁性的副产物。

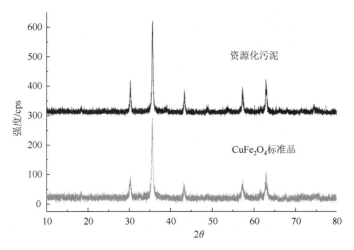

图 9-2　铁氧磁体程序污泥 XRD 晶相图

9.1.2　尖晶石产物磁性量测及应用探讨

铁氧磁体属于陶铁磁体物质，铁氧体材料如果依矫顽力（H_c）大小分类，可分成硬磁、软磁及半硬磁铁氧体三种。简单地说，容易失去磁性的称为软磁，不容易失去磁性的称为硬磁。根据定义，$H_c > 200\ Oe$ 称为硬磁；$H_c < 20\ Oe$ 称为软磁；$200\ Oe > H_c > 20\ Oe$ 的为半硬磁。在定义上虽然矫顽磁力只要小于 20 Oe，就可以被称为软磁材料，但实用上的软磁材料矫顽磁力都在几个 Oe 左右，或低于 1 Oe，以便在外加交流磁场下，能够跟随交变磁场迅速变化磁化方向，在实用上还必须具备饱和磁化极高的磁导率等。

铁氧磁体软磁材料以尖晶石晶系为主，一般式为 MFe_2O_4，M 为二价离子，如 Mn^{2+}、Zn^{2+}、Ni^{2+}、Cu^{2+}、Mg^{2+}、Co^{2+}，甚至 Fe^{2+} 等，例如，目前市面上最常见的（Mn，Zn）Fe_2O_4。因铁氧磁体软磁材料系氧化物，电阻大，适用于高频（100 MHz）以下的场所。针对磁性材料的性质可借由铁磁物质的磁滞曲线图（M-H 曲线图）加以详细说明，如图 9-3 所示，在定温下，从去磁场状态，即无任何外加磁场（H=0）与感应磁化量（M=0）的状态下开始，其磁化量会随着磁场的增加而增加，沿着曲线 OABC 增加，当外加磁场增加至某一程度后，感应磁化量的增加率逐渐变缓，最后达到一个饱和值，称此磁化量为饱和磁化量（saturation magnetization，M_s），单位为 emu/g。

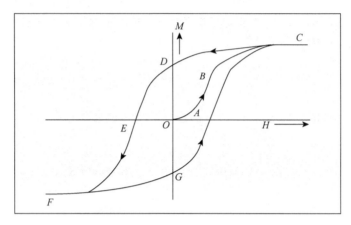

图 9-3 铁磁物质的磁滞曲线图（M-H 曲线图）

当磁场减少时，磁化并不沿着初磁化曲线返回，而沿 CD 曲线返回，显示为磁化量随磁场减少而减小。当磁场减小至零磁场（H=0）时，磁化量并不会回到零，仍会有残余磁矩存在，称此磁化量为残余磁化量（residual magnemetization，M_r）。若想将残余的磁化量归零，必须使磁场继续在反向磁场增加，促使磁化继续减少，直至磁化完全归零，此点的磁场称为矫顽力或保磁力（coercive force，H_c），如曲线 OE。再持续增加负向磁场，使得磁化也在反方向增加，最后达到负向饱和状态。假设磁场再转换至正向磁场进行，则磁化沿 FGC 变化，形成一封闭圈 CDEFGC 称为磁滞环（hysteresis loop）。

本研究磁性量测利用振动试样磁力计（VSM）进行产物磁性测定，表 9-1 为铁氧磁体程序实验尖晶石污泥磁性测试结果。由表 9-1 可知，本研究所产生的铁氧磁体矫顽力（H_c）约为 1.57 Oe，低于 20 Oe，属软磁性材料，其饱和磁化量可达 60 emu/g，磁滞曲线则如图 9-4 所示。表 9-2 为铁氧磁体磁性、电性及基本结构，由表中可知本研究磁化量介于 $CuFe_2O_4$ 及 Fe_3O_4 之间，为理论 Fe_3O_4 值的 3/4 倍，造成差异的原因是产物中含有非磁性物质。

表 9-1 铁氧磁体程序实验尖晶石污泥磁性测试结果

参数	M_s/(emu/g)	H_c/Oe	μ	B_r/Gauss
测试结果	60.38	1.57	2648	0.252

注：M_s 为饱和磁化量；H_c 为矫顽力；μ 为磁导率（无因次）；B_r 为残余磁束密度。

表 9-2　铁氧磁体的磁性、电性及基本结构

	结构	Net moment/（μ_R/mol）	M_s/（emu/g）
Fe_3O_4	逆尖晶石	4	92
$CuFe_2O_4$	逆尖晶石	1	27

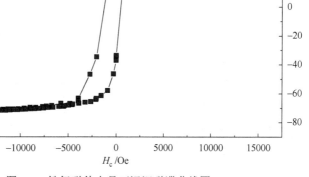

图 9-4　铁氧磁体尖晶石污泥磁滞曲线图

本研究铁氧磁体程序产物性质主要可用于数百[kHz]以上及数百[MHz]以下频率的应用上，其适用范围为收音机用小型线圈。另外，日本 NEC 公司的 Yamauchi 等利用二价铁离子在水溶液中合成大小约 1μm、饱和磁化量为 60～80emu/g 的铁氧磁体粉末，将铁氧磁体颗粒混合树脂并加以冲压，可得新的复合材料，此材料已成功地应用于设备的防振基座及机器噪音减少等用途上。此外，铁氧磁体因具有磁性，可制造成磁性标记（magnetic marker），故可作为导盲砖、防震阻尼材料及微波吸收材料。

本实验所回收的铁氧磁体粉末除了可应用于收音机的小型线圈外，由于其特性与 Yamauchi 等所合成的铁氧磁体粉末相当类似，可应用于上述材料的开发使用，此方面的应用有待进一步的探讨与研究。

9.2　尖晶石污泥催化挥发性有机物的研究

本节针对经铁氧磁体程序处理后所产生的尖晶石污泥，不经任何加工程序，测试其作为触媒催化挥发性有机物（以异丙醇为例）的可行性。

9.2.1 空白实验

空白实验组为一组不放触媒而以与触媒床体积相同的玻璃棉替代的对照组。图 9-5 所示为在异丙醇进流浓度 1700ppm、空间流速 24000h^{-1} 及氧浓度 21%的条件下，空白实验中温度对异丙醇转化率的测试。由图中可知，在没有加入触媒的情况下，反应温度在 200℃时，异丙醇仅有 12%的转化率，当反应温度达 500℃时，也只有约 75%的异丙醇被转化。可见在不使用触媒的情况下，要将异丙醇完全去除需耗费大量的能源。此外，为提升异丙醇的转化率及反应的稳定性，本研究将触媒粒径控制于 60～150 目（104～250μm），以利后续反应的进行。

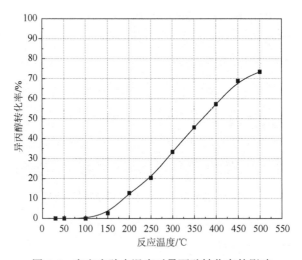

图 9-5　空白实验中温度对异丙醇转化率的影响

9.2.2 尖晶石污泥触媒潜力测试

图 9-6 为尖晶石污泥触媒潜力的测试图，由图中发现，在实验条件为进流浓度 1700ppm，空间流速 24000h^{-1}，氧气浓度 21%的焚化系统中，不论是空白实验（无添加触媒）的对照组还是加入尖晶石污泥（添加触媒）的实验组，异丙醇的转化率皆随着温度的上升而增加。值得一提的是，加入尖晶石污泥的实验组在 150℃的反应温度下，异丙醇即有约 75%的转化率，而空白实验组在 150℃的反应温度下，异丙醇仅有不到 3%的转化率，显示尖晶石污泥具有极佳的触媒潜能。由于尖晶石结构中含大量的氧原子，且经测试发现铁氧磁体本身具有较高的吸附氧能力，故推测异丙醇在温度上升过程中转化率增加，即是与尖晶石的晶格氧或吸附于晶格外的氧气结合而进一步被催化所致。

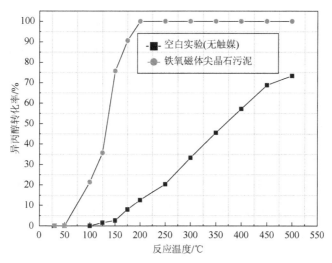

图 9-6　铁氧磁体尖晶石污泥触媒潜力测试图

　　触媒床的反应温度可以说是影响焚化效率的最主要参数。在一定的温度范围内，操作温度越高，处理效率就越佳，其主要原因为温度增加时分子内动能就增大，超过反应所需最低限能的分子数增加。每一种气体污染物必须达到它的起始催化反应温度，才会开始进行反应，至于催化反应所需的温度，因气体本身的性质及所使用触媒种类不同而有所差异。同时，温度升高也可以增加反应速率。

1. 异丙醇进流浓度效应

　　由于半导体业实场中以异丙醇溶剂清洗后，异丙醇挥发的逸散浓度为 150ppm 左右，此类挥发性有机物于实场处理中，经浓缩转轮可将异丙醇浓缩收集至 1500～1700ppm，故选择 1700ppm 为异丙醇进流浓度的上限，并往下测试 800ppm 及 400ppm 的异丙醇进流浓度。

　　图 9-7 为在不同进流浓度下，转化率与温度之间的关系（测试条件为空间流速 24000h^{-1}，氧气浓度 21%）。由图中可明显看出，随着异丙醇浓度的增加，转化率会下降，以 150℃为例，异丙醇浓度在 400ppm 时，其转化率约为 90%，当异丙醇浓度升高至 1700ppm 时，转化率则下降至 75%，但是，由图中亦可以看出当反应温度高达 190℃时，进流浓度效应对转化率已经几乎没有影响，不论在高浓度还是在低浓度，其转化率几乎都已到达 100%。

2. 空间流速效应

　　空间流速系指在单位时间内，通过单位体积触媒床的反应物体积，记为 SV（space velocity），其关系可以式（9-1）表示：

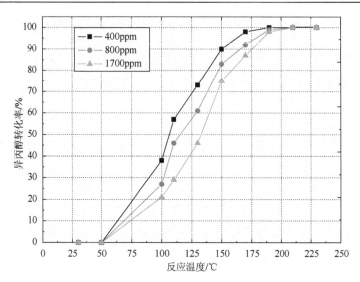

图 9-7　不同进流浓度对异丙醇转化率的影响

$$空间流速/h^{-1} = \frac{废气进入触媒床流量/(m^3/h)}{触媒床体积/m^3} \qquad (9\text{-}1)$$

由式（9-1）可知，空间流速越小则停留时间越长，而一般反应物在反应器内的停留时间越长，则越有助于反应的产生，所以转化率会随着空间流速的降低而增加，早在 1976 年，Pope 等在其研究中也曾发现有上述现象发生。相关文献指出，一般触媒焚化操作的空间速度为 1000~100000h^{-1}，换算为停留时间大概为 0.036~3.6s。

图 9-8 为不同空间流速对异丙醇转化率的影响。由图可明显看出，在相同的

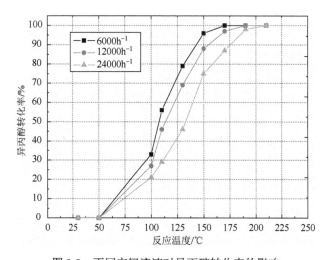

图 9-8　不同空间流速对异丙醇转化率的影响

操作温度下，空间流速越大其转化率就越低。在反应温度为 150℃，空间流速 6000h^{-1} 时转化率为 96%；当空间流速增加至 12000h^{-1} 时，转化率下降至 88%；空间流速再增加至 24000h^{-1}，转化率更下降至 75%，可知在实验的操作范围内，转化率确实会随着进气空间流速的增加而呈现下降的趋势。此外，实验中发现，空间流速虽然对转化率有明显的影响，但是当温度到达 190℃ 时，各空间流速的转化率相差不大，故在实际的高反应温度操作条件下，本参数就显得不是那么重要了。

3. 氧气含量效应

由图 9-9 可以看出，在温度较低时，氧气含量对转化率的影响很大。以 150℃ 为例，在氧气含量为 21% 时，其转化率约为 75%，而此时氧气含量为 16% 的异丙醇转化率仅有 58%，相差有 17% 之多，然而在温度达 190℃ 之后，差异则不是很明显。一般而言，在异丙醇的触媒氧化反应过程中，其内的含氧量皆高于异丙醇完全氧化时所需的理论含氧量，但可能由于异丙醇必须和吸附于触媒上的氧进行反应，氧浓度的增加使得异丙醇与氧碰撞的概率增大，因此，含氧浓度升高，转化率呈现升高的趋势。

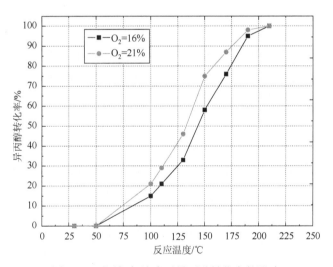

图 9-9　不同氧气浓度对异丙醇转化率的影响

4. 尖晶石污泥选择性

一般来说，触媒焚化后的产物与触媒及反应物的特性有关，以醇类为例，一级醇可氧化成醛，二级醇则可氧化成酮，式（9-2）即为异丙醇（二级醇）氧化成丙酮的通式，式（9-3）则为异丙醇氧化成二氧化碳的通式：

$$C_3H_8O + 1/2\ O_2 \longrightarrow C_3H_6O + H_2O \tag{9-2}$$

$$C_3H_8O+9/2\ O_2 \longrightarrow 3\ CO_2+4\ H_2O \tag{9-3}$$

表 9-3 所示为异丙醇转化率与产物生成关系，结果显示，异丙醇经尖晶石污泥焚化后的产物为丙酮及 CO_2，在 $130\sim170℃$ 的范围内异丙醇会被氧化成丙酮及 CO_2，中间产物为"丙酮"，但随着温度的上升，丙酮减少，当温度升至 $200℃$ 时，异丙醇将完全转化成 CO_2，故知铁氧磁体尖晶石触媒属深度氧化型触媒，对异丙醇有极佳的矿化作用。

表 9-3 异丙醇转化率与产物生成关系表（铁氧磁体尖晶石污泥）

温度/℃	130	150	170	190	210
异丙醇转化率/%	46	75	87	98	100
丙酮生成浓度/ppm	856	403	263	23	0
CO_2 生成浓度/ppm	2989	3506	4122	4997	5061

注：进流异丙醇浓度=1700ppm。

5. 尖晶石污泥长时间衰退实验

对触媒而言，除了活性（activity）及选择性（selectivity）等重要性质外，触媒的寿命亦不容忽视，能使触媒的寿命增长则意味着生产成本的降低，使其更具经济价值。大多数触媒皆由粉末（powder）挤压成各种不同形状，其中有许多孔洞（pore），然而触媒的成分中并非每一原子皆有催化作用，仅某些部分有活性，即所谓的活性位置（active site），此种活性位置有些在孔洞里面，有些则分布于表面，整个触媒的活性位置并非均匀分布。一般使用此类触媒时其活性衰退的原因不外乎毒化（poisoning）、阻塞（fouling）、烧结（sintering）、破损（collapse）及活性成分的挥发。

图 9-10 为铁氧磁体尖晶石污泥长时间的衰退实验，于测试条件为进流浓度 1700ppm，空间流速 $24000h^{-1}$，氧气浓度 21%的情况下，分别在 $150℃$、$175℃$ 及 $200℃$ 下长时间测试（72h）铁氧磁体尖晶石污泥对异丙醇的转化率。由图中可知，在开始的 24h 中，随着时间的增加，铁氧磁体尖晶石污泥在三种温度下对异丙醇的转化率有略为降低的现象，但趋势并不明显。实验至 24h 之后，其转化率逐渐趋近于平缓，显示出铁氧磁体尖晶石污泥具有相当不错的稳定性。在触媒的 72h 长时间实验中，各温度下触媒对异丙醇的转化率会有略微下降的状况，其原因可能是触媒在氧化反应过程中，触媒表面部分的活性金属与触媒焚化的中间产物产生键结，减少了活性位置，造成转化率略微下降的现象。

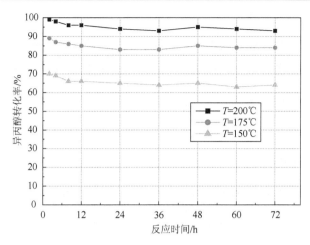

图 9-10　铁氧磁体尖晶石污泥长时间衰退实验

6. 尖晶石污泥比表面积测试

催化反应多发生于触媒表面，故触媒的表面性质是决定触媒活性大小的关键因素之一。本研究以比表面积分析仪（BET）测量铁氧磁体尖晶石污泥的比表面积（specific surface area）、孔洞体积（pore volume）与平均孔洞直径（average pore diameter）。

表 9-4 所示为铁氧磁体尖晶石污泥使用前后比表面积测试结果，使用前的比表面积、孔洞体积与平均孔洞直径分别为 70.06 m²/g、0.07cm³/g 与 12.57Å；使用后的比表面积、孔洞体积与平均孔洞直径则分别为 69.53 m²/g、0.08cm³/g 与 13.84Å。通过比较使用前、后的铁氧磁体尖晶石污泥比表面积、孔洞体积与平均孔洞直径发现，均无太大改变，显示在催化过程中，铁氧磁体尖晶石污泥并无前述毒化、阻塞、烧结、破损或活性成分挥发的现象发生，证明此尖晶石污泥具良好的稳定性，适合用作触媒反应。

表 9-4　铁氧磁体尖晶石污泥使用前后比表面积测试结果

触媒	比表面积/（m²/g）	孔洞体积/（cm³/g）	平均孔洞直径/Å
使用前的尖晶石污泥	70.06	0.07	12.57
使用后的尖晶石污泥	69.53	0.08	13.84

此外，根据国际理论与应用化学联合会（IUPAC）的定义，孔洞结构按孔径大小可以分为下列三个等级：

巨孔洞（macropore）：＞500Å；

中孔洞（mesopore）：20Å～500Å；

微孔洞（micropore）：<20Å。

本研究所制作的铁氧磁体尖晶石污泥孔洞直径约 13Å，属微孔洞材料，因此当异丙醇以空间流速 24000h^{-1} 高速通过触媒时，异丙醇尚未来得及扩散至铁氧磁体尖晶石触媒内部，气流就已经流过触媒，故知其催化作用绝大多数发生于铁氧磁体尖晶石触媒表面，而非孔洞内部。

9.2.3　尖晶石污泥综合评论

综上所述，本研究利用酸浸出法、化学置换法及铁氧磁体程序成功开发了一套印刷电路板业铜污泥资源再利用的技术平台，除了将铜污泥中的铜粉高效率回收外，更利用铁氧磁体程序额外产制具有高经济价值的纳米级铁氧磁体尖晶石触媒（CuFe$_2$O$_4$），不仅将有害事业废弃物转变为一般事业废弃物，解决了废弃物无处可去的窘境，同时亦使焚化技术中触媒的高成本得以降低至几乎零成本。此外，其对挥发性有机物（VOCs）高效能的催化力亦是此类触媒极大的优势，未来可朝着商业化方向扩大发展。

9.3　各种铁氧磁体触媒催化 VOCs 的研究

文献中提及许多合成方法包括共沉法（coprecipitation method）、化学气相沉积法、水热合成法（hydrothermal synthesis）、氧化还原法、溶胶凝胶法（sol-gel method）及有机金属盐法等均能制备出高结晶性及纳米尺寸的铁氧磁体尖晶石。本阶段的研究以水热合成法于实验室自行合成五种铁氧磁体（Cu-ferrite、Mn-ferrite、Ni-ferrite、Zn-ferrite、Cr-ferrite）作为触媒，比较实场污泥资源化的尖晶石触媒与实验室自制尖晶石触媒催化挥发性有机物（以异丙醇为例）的效能。

9.3.1　五种尖晶石触媒的制备条件

涂耀仁等（2002）曾以铁氧磁体程序处理混杂十种重金属的废液（Cd、Cu、Pb、Cr、Zn、Ag、Hg、Ni、Sn、Mn），发现 Cu 的最佳 pH 为 9.0~10.0，反应温度 80℃以上效果较好；Cr 在过碱的情形下（pH>11.0），则因铬酸根离子无法还原成三价铬离子而未被纳入尖晶石结构中，故若要处理含 Cr 的重金属废液时，应特别注意其 pH 的控制；Mn、Ni、Zn 等重金属的处理条件则无太严苛的限制。故以硫酸亚铁添加量 Fe/Cu 物质的量比 10.0，pH9.0，反应温度 80℃，曝气量 3L/min，反应时间 30min 的条件合成本研究中的五种铁氧磁体尖晶石触媒。

9.3.2 触媒活性筛选

图 9-11 为在异丙醇浓度 1700ppm、空间流速 24000h^{-1}、氧浓度 21%及操作温度 150℃与 200℃的条件下，对五种尖晶石触媒进行温度对转化率影响的测试。由图中可观察出各种金属触媒对异丙醇的转化率皆随着温度的升高而增加，在 200℃时转化率都可以达到 58%以上，五种尖晶石触媒对异丙醇的转化率由好至坏排序为 Cu-ferrite 触媒＞Mn-ferrite 触媒＞Ni-ferrite 触媒＞Zn-ferrite 触媒＞Cr-ferrite 触媒，以 Cu-ferrite 触媒的处理效能最佳，在反应温度为 150℃时，约有将近 75%的异丙醇被去除；当反应温度为 200℃时，异丙醇转化率可达 100%。

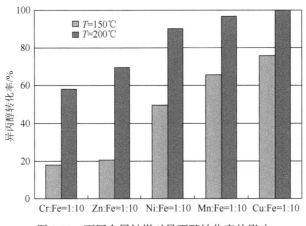

图 9-11　不同金属触媒对异丙醇转化率的影响

由于金属离子在尖晶石触媒中扮演活性中心的角色，故金属离子的活性俨然成为此类触媒催化能力的关键因素。Cu-ferrite 触媒处理效能最佳的原因为在五种重金属离子中，Cu 的活性最高、催化能力最强，故对异丙醇有最佳的转化效能。为证明 Cu 确实为 Cu-ferrite 触媒的活性中心，本研究制作不同 Cu 覆载量的 Cu-ferrite 触媒，测试其对异丙醇的转化效率是否会随 Cu 覆载量的增加而提升。

9.3.3 Cu 金属覆载量效应

在选定 Cu-ferrite 触媒为本研究的测试触媒后，将不同覆载量（分别为物质的量比 Cu/Fe=1/5、Cu/Fe=1/10 及 Cu/Fe=1/20）的 Cu-ferrite 触媒作逐一测试比较。图 9-12 所示为不同比例的 Cu-ferrite 触媒在不同温度下对异丙醇转化率的影响（测试条件为进流浓度=1700ppm，空间流速=24000h^{-1}，氧气浓度=21%，相对湿度=19%）。结果发现其对异丙醇的转化率由好至坏排序为 Cu/Fe=1/5＞Cu/Fe=1/10＞

Cu/Fe=1/20，显示异丙醇的转化率随着 Cu 金属添加量的增加而有明显的提升，足见 Cu 为本催化反应的主要活性金属。以 Cu/Fe=1/5 触媒及 Cu/Fe=1/20 触媒为例，在 150℃之下，Cu/Fe=1/5 触媒对异丙醇的转化率可达到 89%，明显优于 Cu/Fe=1/20 触媒对异丙醇 48%的转化率。此三种不同 Cu 覆载量的触媒，以 Cu/Fe=1/5 触媒对异丙醇的转化率最佳，190℃下可达 100%的转化率。

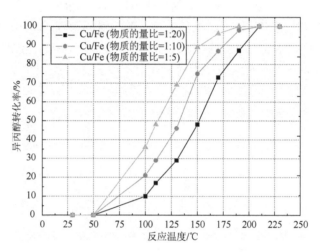

图 9-12　不同 Cu/Fe 比例对异丙醇转化率的影响

9.3.4　触媒粒径效应

在触媒催化反应中，触媒的粒径是关键的指标之一，因为粒径的减小不仅增加了表面积，更重要的是增加了表面能（surface energy），提高了触媒活性位的可利用效率。Matyi 曾指出，当触媒金属粒径越小，催化反应速率就越高，说明表面原子所占的百分比也将会显著增加。

图 9-1 中经铁氧磁体程序所产生尖晶石污泥的 SEM 图，所拍到的粒径为原始粒径（primary particle size），粒径范围介于 30～110nm，属纳米级（nanoscale）触媒材料。此外，本研究将触媒粉筛分为 60～150 目（104～250μm）及 150～200 目（75～104μm）两种粒度。

图 9-13 所示为不同粒径的 Cu/Fe=1/5 触媒在不同温度下对异丙醇转化率的影响（测试条件为进流浓度=1700ppm，空间流速=24000h^{-1}，氧气浓度=21%）。结果显示，粒径粗者（60～150 目）的催化效果不如粒径细者（150～200 目），以 150℃时为例，粒径细者在 150℃时约有 91%的转化率，明显优于粒径粗者 75%的转化率。此结果是因为粒径细者与异丙醇气流接触的表面积较大，具有较多催化位置。

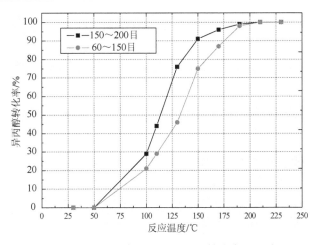

图 9-13　不同粒径大小对异丙醇转化率的影响

9.3.5　自制尖晶石触媒比表面积测试

表 9-5 所示为各种自制尖晶石触媒比表面积测试结果,由表中发现,自制 Cu-ferrite 尖晶石触媒于使用前的比表面积为 $71.23m^2/g$,使用后的比表面积为 $69.97m^2/g$。使用后的 Cu-ferrite 触媒较使用前比表面积略微减少,但差异不大,表明在 72h 催化过程中,自制 Cu-ferrite 尖晶石触媒并未发生毒化或其他物理性的破坏。此外,由表中亦得知本触媒的比表面积并不会随着表观粒径的减小而增大,且 Cu-ferrite、Mn-ferrite、Ni-ferrite、Zn-ferrite 和 Cr-ferrite,皆有近似的比表面积($70m^2/g$),显示此类触媒的比表面积不会因金属离子的不同而改变。

表 9-5　自制尖晶石触媒比表面积测试结果

	触媒形式	粉体粒度/μm	比表面积/(m^2/g)
Cu-ferrite	新鲜	75～104	71.23
Cu-ferrite	用过 [a]	75～104	69.97
Cu-ferrite	新鲜	104～250	70.73
Mn-ferrite	新鲜	75～104	70.61
Ni-ferrite	新鲜	75～104	68.64
Zn-ferrite	新鲜	75～104	68.07
Cr-ferrite	新鲜	75～104	70.61

a 用过触媒的定义:IPA 进流浓度=1700ppm。
注:反应温度=200℃;反应时间=72h。

9.3.6　自制 Cu-ferrite 尖晶石触媒 SEM/EDS 表面结构

图 9-14 为本研究以 SEM 观察的自制 Cu-ferrite 尖晶石触媒表面结构颗粒的大

小与分布情形。基本上可发现此类尖晶石触媒颗粒呈球状，原始粒径（primary particle size）多数小于 100nm，粒径分布介于 30～60nm，属纳米尺寸（nanoscale）范围。纳米材料主要由晶粒 1～100nm 大小的粒子所组成，粒径极小，具有极大的表面积，且随着粒径的减少，表面原子百分比提高，在表面上由于大量原子配位的不完全而引起表面能升高的现象。表面能占全能量的比例大幅提升，使纳米材料具有极高的吸附与催化特性。

（a）　　　　　　　　　　　　　　（b）

图 9-14　使用前（a）及使用后（b）的自制 Cu-ferrite 触媒 SEM 图（Cu/Fe=1/5）

相较于前述章节的铁氧磁体尖晶石污泥，两者的粒径颇为接近，皆属尖晶石型纳米级触媒催化剂（nanocatalysts）。此外，由 SEM 照片亦发现使用前与使用后的 Cu-ferrite 尖晶石触媒表面结构并无物理性破碎毁损的情形，分散情形尚佳。

表 9-6 为 Cu-ferrite 触媒 EDS 测试结果（Cu/Fe=1/5），由能量分散分析仪（EDS）分析此类触媒于使用前、后表面组成元素是否改变。分析结果显示，Cu-ferrite 尖晶石触媒在 72h 的催化环境后组成元素并无改变，均为 Cu 与 Fe，且其组成比例与新鲜触媒（使用前）相近，Cu/Fe 约为 1/5，足见铁氧磁体尖晶石晶格具良好的稳定性。

表 9-6　Cu-ferrite 触媒 EDS 测试结果（Cu/Fe=1/5）

新鲜触媒（使用前）		用过的触媒（使用后）	
元素	原子比/%	元素	原子比/%
Cu	16.43	Cu	15.91
Fe	83.57	Fe	84.09
总量	100	总量	100

9.3.7　自制 Cu-ferrite 尖晶石触媒综合评论

综上所述，本研究利用水热合成法（hydrothermal synthesis）于实验室成功合成高催化力的铁氧磁体尖晶石触媒。于自制的五种触媒铁氧磁体尖晶石触媒（Cu-ferrite、Mn-ferrite、Ni-ferrite、Zn-ferrite、Cr-ferrite）中，又以 Cu-ferrite 触媒最具代表性，在高空间流速（24000h^{-1}，相当于停留时间为 0.15s）及低反应温度（约 190℃）下，即可将约 1700ppm 的异丙醇完全转化成 CO_2，足见其高效能的催化能力。

9.4 尖晶石污泥与自制 Cu-ferrite 尖晶石触媒的比较

为测试资源化的尖晶石污泥与自制 Cu-ferrite 尖晶石触媒的催化性能，针对触媒的催化能力、触媒的选择性及触媒长时间衰退实验作逐一测试比较。

9.4.1 触媒催化能力的比较

针对触媒的催化能力，以进流浓度 1700ppm，空间流速 24000h^{-1}，氧气浓度 21% 的条件，测试铁氧磁体尖晶石污泥与自制 Cu-ferrite 尖晶石触媒（Cu/Fe=1/5）的催化性能。测试结果如图 9-15 所示。由图中明显发现，自制 Cu-ferrite 尖晶石触媒对异丙醇气流具较佳的催化能力，仅需 190℃的低反应温度即可将异丙醇完全转化，这是由于自制 Cu-ferrite 尖晶石触媒具较高的 Cu 负载量，相对提高了触媒的活性位置，自然对异丙醇有较佳的转化能力。

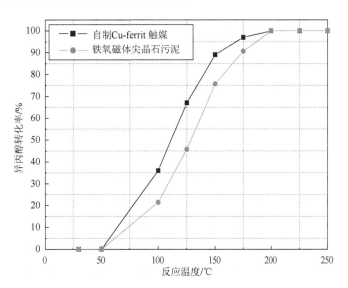

图 9-15 尖晶石污泥与自制 Cu-ferrite 尖晶石触媒催化性能比较图

9.4.2 触媒选择性的比较

表 9-7 为异丙醇转化率与产物生成关系表（自制 Cu-ferrite 触媒），结果显示，

异丙醇在经自制 Cu-ferrite 触媒焚化后的产物亦为丙酮及 CO_2，与铁氧磁体尖晶石污泥有相同的选择性，在 130～170℃的范围内异丙醇会先被氧化成丙酮及 CO_2，随着温度的上升，丙酮减少。相较于铁氧磁体尖晶石污泥，自制 Cu-ferrite 触媒在 190℃的低温反应下，异丙醇即可完全转化成 CO_2，没有丙酮的生成。

表 9-7　异丙醇转化率与产物生成关系表（自制 Cu-ferrite 触媒）

温度/℃	110	130	150	170	190
异丙醇转化率/%	48	69	89	96	100
丙酮生成浓度/ppm	1125	827	499	217	0
CO_2生成浓度/ppm	2882	3361	3506	4845	5169

注：进流异丙醇浓度=1700ppm；Cu-ferrite 触媒 Cu/Fe=1/5。

9.4.3　触媒长时间衰退实验的比较

针对触媒长时间实验，以进流浓度 1700ppm，空间流速 24000h^{-1}，氧气浓度 21%，反应温度 150℃为测试条件，进行铁氧磁体尖晶石污泥与自制 Cu-ferrite 尖晶石触媒 72h 长时间衰退实验比较。图 9-16 所示即为铁氧磁体尖晶石污泥与自制 Cu-ferrite 尖晶石触媒长时间衰退实验比较图。图中显示在反应温度为 150℃的条件下，铁氧磁体尖晶石污泥约有 75%的转化率，自制 Cu-ferrite 尖晶石触媒则有约 90%的转化率，且不论是铁氧磁体尖晶石污泥还是自制 Cu-ferrite 尖晶石触媒在反应的 72h 中皆能维持一定的转化率，显示其具有极佳的稳定性。

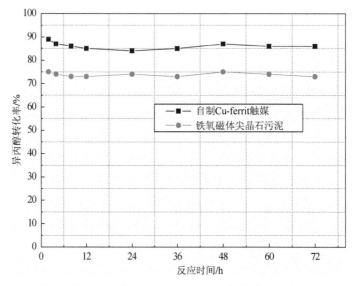

图 9-16　铁氧磁体污泥与自制 Cu-ferrite 尖晶石触媒长时间衰退实验比较图

第 10 章 污泥产制高效能触媒综合评价

本研究利用酸浸出法、化学置换法及铁氧磁体程序成功开发了一套印刷电路板制造业铜污泥资源再利用的技术平台，除了将铜污泥中的铜粉高效率回收外，更进一步利用铁氧磁体程序额外产制具高经济价值的纳米级铁氧磁体尖晶石触媒（$CuFe_2O_4$），不仅将有害事业废弃物转变为一般事业废弃物，解决了废弃物无处可去的窘境，同时亦使焚化技术中触媒的高成本得以降低至几乎零成本，现将本研究所得成果摘录如下。

10.1 实场污泥特性分析结果

本研究所采集的实场污泥含水率约为 60%；pH 约 7.05；烧失量方面，由于污泥含有少量高分子凝聚剂，故烧失量在 23% 左右；污泥的粒径分布则主要分布于 0.4~200μm，粒径中位数 D_{50} 为 25.0μm；重金属方面，发现污泥中含 Cu、Pb、Cd、Zn、Ni 及 Cr 等重金属，以 Cu 含量 158 000mg/kg（干基）为最多，其余重金属含量皆低于 105mg/kg（干基）。

10.2 高效率铜粉回收研究成果

（1）酸浸出实验部分，以硫酸浓度为最显著的影响因子，硫酸浓度越高，重金属的萃取率越高；反应温度部分，随着温度的上升，重金属的萃取率升高；浸出时间则随时间的增加而有越来越多的重金属被浸出。故酸浸出实验的最佳操作参数即为硫酸浓度 2 N，反应温度 50℃，浸出时间 60min。

（2）在酸浸出实验的最佳操作参数条件下，重金属萃取率可达 99% 以上，经测定发现此时浸出于液相中的铜离子浓度范围介于 70000~80000mg/L，且其残渣低于毒性特性溶出实验（TCLP）法规限值，可视为一般事业废弃物予以掩埋。

（3）化学置换实验方面，以铁粉添加量为最显著的影响因子；搅拌速率的影响效应则不太明显；pH 方面，虽然 pH1.0 时的铜粉置换率（96.12%）优于 pH2.0 时的铜粉置换率（94.98%），但考虑后续铁氧磁体程序的反应 pH 为碱性条件，选择 pH2.0 为化学置换实验的最佳 pH。故化学置换实验的最佳操作参数即为铁粉添加量（Fe/Cu 物质的量比=5.0），pH2.0，反应温度 50℃，搅拌速率 200r/min，且经由此条件所置换的铜粉可达 95.0% 以上。

（4）经化学置换实验程序后，已有超过95%的铜离子被置换，但由于此时液相中残留的铜离子浓度仍有700～800mg/L，与放流水铜离子法定标准3mg/L相差甚远，为使化学置换后的上澄液符合放流水标准，故于化学置换法后接续铁氧磁体程序，进行上澄液的重金属处理。

（5）铁氧磁体程序实验发现，硫酸亚铁添加量、反应温度及pH皆为显著的影响因子。pH方面，虽然pH10.0时的总残余阳离子浓度仅为0.21mg/L，优于pH9.0时的总残余阳离子浓度0.54mg/L，但为使放流水的pH不经调整即符合放流水pH标准（pH介于6.0～9.0），选择pH9.0为铁氧磁体程序实验的最佳pH。故铁氧磁体程序实验的最佳操作参数即为硫酸亚铁添加量满足Fe/Cu物质的量比为10.0，pH9.0，反应温度80℃，曝气量为每升废液3L/min，反应时间30min。

（6）在铁氧磁体程序的最佳操作参数条件下，不论上澄液还是污泥的TCLP方面，所有重金属浓度均远低于法规标准，证明了铁氧磁体程序的绝佳处理成效。

（7）由铁氧磁体程序中重金属的质量平衡数据发现，于初始重金属浓度为700mg/L的液相中，经铁氧磁体程序处理后的污泥，仅有1.18mg/L的Cu^{2+}于TCLP测试时被溶出于液相中，证明有99%以上的Cu^{2+}被嵌入尖晶石晶格中，并以铁氧磁体的结构形式稳定存在于污泥中。

10.3　尖晶石污泥资源化研究成果

（1）在尖晶石污泥资源化的研究中，利用扫描式电子显微镜（SEM）及X光粉末绕射仪（XRD）进行污泥表面微结构观察及产物晶相组成鉴定，结果发现经铁氧磁体程序产制的尖晶石污泥外观呈球状，原始粒径（primary particle size）范围为30～110nm，且其结构皆为尖晶石（ferrite）结构，主要晶相为Fe_3O_4与$CuFe_2O_4$。

（2）经振动试样磁力计（VSM）进行产物磁性测定发现，本研究所产生的铁氧磁体矫顽力（H_c）约为1.57 Oe，低于20 Oe，属软磁性材料，其饱和磁化量可达60 emu/g，由于其基本性质与Yamauchi等所合成之铁氧磁体粉末相当类似，可应用于收音机的小型线圈，并可作为磁性标记、防振基座及机器噪音减少等。

（3）在铁氧磁体尖晶石污泥催化挥发性有机物（以异丙醇为例）研究方面，于实验条件为进流浓度1700ppm，空间流速$24000h^{-1}$，氧气浓度21%的焚化系统中，加入铁氧磁体尖晶石污泥的实验组在不到200℃的反应温度下，异丙醇即可达100%的转化率，而空白实验（无触媒）组在500℃的反应温度下，异丙醇仅有不到75%的转化率，显示铁氧磁体尖晶石污泥具有极佳的触媒潜能。

（4）在改变催化参数的影响方面，本研究发现异丙醇转化率会随其进流浓度的增加、空间流速的增加、氧气含量的减少而降低，但是当温度到达190℃时，各参数的改变对异丙醇的转化率影响不大，故在实际的高反应温度操作条件下，所选择的参数效应就显得不是那么重要了。

（5）在产物生成分析方面，发现异丙醇在经铁氧磁体尖晶石污泥焚化后的产物为丙酮及 CO_2，在 130～170℃的范围内异丙醇会被氧化成丙酮及 CO_2，中间产物为"丙酮"，但随着温度的上升，丙酮减少，当温度升至 200℃时，异丙醇将完全转化成 CO_2，故知铁氧磁体尖晶石触媒属深度氧化型触媒，对异丙醇有极佳的矿化作用。

（6）在铁氧磁体尖晶石污泥长时间的衰退实验中，于测试条件为进流浓度 1700ppm、空间流速 24000h^{-1}、氧气浓度 21%的情况下，在开始的 24h 中，随着时间的增加，铁氧磁体尖晶石污泥在三种温度下（150℃、175℃及 200℃）对异丙醇的转化率有略为降低的现象，但趋势并不明显，实验至 24h 之后，其转化率逐渐趋近于平缓，显示出铁氧磁体尖晶石污泥在 72h 的反应中具有不错的稳定性。

（7）比较使用前、后的铁氧磁体尖晶石污泥比表面积、孔洞体积与平均孔洞直径发现，使用前、后均无太大改变，显示在催化过程中，铁氧磁体尖晶石污泥并无毒化、阻塞、烧结、破损或活性成分挥发的现象发生，证明此尖晶石污泥具有良好的稳定性，适合用作触媒反应。

10.4　各种铁氧磁体尖晶石触媒催化 VOCs 研究成果

（1）以水热合成法制作各种铁氧磁体尖晶石触媒研究中，自制的触媒对异丙醇的转化率在 200℃时皆可达 58%以上，五种尖晶石触媒对异丙醇的转化率由高至低排序为 Cu-ferrite 触媒＞Mn-ferrite 触媒＞Ni-ferrite 触媒＞Zn-ferrite 触媒＞Cr-ferrite 触媒，以 Cu-ferrite 触媒的处理效能最佳，在反应温度为 150℃时，约有将近 75%的异丙醇被去除；当反应温度为 200℃时，异丙醇转化率可达 100%。

（2）自制触媒中 Cu 金属覆载量效应方面，发现其对异丙醇的转化率由高至低排序为（Cu/Fe=1/5）＞（Cu/Fe=1/10）＞（Cu/Fe=1/20），显示异丙醇的转化率随着 Cu 金属添加量的增加而有明显的提升，足见 Cu 为本催化反应的主要活性金属。

（3）自制触媒中粒径效应方面，测试结果显示粒径粗者（60～150mesh）催化效果不如粒径细者（150～200 mesh），以 150℃时为例，粒径细者在 150℃之下约有 91%的转化率，明显优于粒径粗者 75%的转化率，推测这是由于粒径细者与异丙醇气流接触的表面积较大，具有较多催化位置。

第四篇　污泥产制选择性吸附材

　　第三篇介绍了印刷电路板业铜污泥的资源化产物应用于触媒焚化的技术，本篇将针对污泥资源化产物作为选择性吸附材的技术为主轴，以去除水体中的有害物质砷（arsenic，As）为目标，进行系统性的介绍。

第 11 章　吸附技术与目标污染物

11.1　吸附技术原理

吸附（adsorption）系指某一相中的分子或离子在另一相的表面发生凝聚或浓缩的现象，此现象通常会发生在下列两接口之间，即气-液、液-固、气-固。在吸附系统中，具有表面作用力的固体称为吸附剂（adsorbent），被吸附在吸附剂表面的物质称为吸附质（adsorbate），吸附现象即为吸附剂表面对吸附质分子的亲和力作用。吸附现象的键结方式，可分为以范德华力为作用力的物理吸附（physical adsorption）及以吸附剂与吸附质之间所产生的化学键为作用力的化学吸附（chemical adsorption）两大类。若吸附质以静电力（库仑力）的作用吸附在吸附剂表面，则称为非特定性吸附（non-specific adsorption），属物理吸附；若吸附剂表面与吸附质形成化学键结，则称特定性吸附（specific adsorption），属化学吸附。

11.1.1　物理性吸附

一般来说，物理性吸附的吸附能小于 10kcal/mol，主要的亲和作用力为范德华力（Van der Waals），当溶液中溶质与吸附剂间的吸引力大于溶质与溶剂间的吸引力时，溶质即被吸附于吸附剂上，为一种可逆反应，此种吸附多半属于多层吸附（multi-layers）。

11.1.2　化学性吸附

化学性吸附的吸附能大于 10kcal/mol，其亲和作用力是利用吸附质与吸附剂的活性位置间所形成的化学键结，是一种不可逆现象，此种吸附属于单层吸附（mono-layer）。化学性吸附较少被用在环境工程上。在环境工程中常利用吸附技术以去除废、污水中的毒性物质，或难以被生物降解的污染物如重金属、农药、清洁剂、臭味物质，或产生色度的物质等。例如，常用于环境工程上的吸附剂——活性炭（activated carbon）、活性铝（activated alumina）或硅胶（silica gel）等，在给水工程中，利用活性炭可以去除臭味及色度；用于废水的三级处理时，可以用来吸附水中的色度、臭味及有机物质；也可以用于工业废水的处理，以去除毒性有机物质。

11.1.3　特定吸附与非特定吸附

在氧化物/水界面的非特定吸附离子，其吸附受静电吸引力作用的影响。氧化物表面电荷效应会吸附带相反电荷的阴、阳离子或具有极性的分子，借助静电性吸引力吸附于带电官能基的外围，并不直接与氧化物表面形成键结，而是完全游离且可在溶液中自由移动。因此，非特定吸附离子，只要以某种离子组成的一定浓度及 pH 的电解液淋洗，吸附离子便能被取代；阳离子以碱金属离子为主，如 Na^+、K^+，阴离子如 Cl^-、NO_3^-、ClO_4^- 均属于非特定吸附离子。阴、阳离子借由错合反应而附着在氧化物表面，此类吸附质能穿透氧化物表面水分子的配位层，深入内部与氧化物表面官能基进行交换，这种直接与 O 或 OH 基形成共价键的吸附，称为特定吸附。特定吸附可发生在不带电或与吸附离子具相同电性的一面，而且可由吸附离子而改变本身的电荷。

11.1.4　等温吸附模式

一般描述吸附行为时，可用等温吸附线（isotherm）表现。Brunauer、Deming 及 Teller 将等温吸附线分为五种形式，如图 11-1 所示。其中 Type I 大多为化学吸附所造成，当吸附质占满吸附剂表面活化位置时，便达单层吸附的饱和状态，因此在图形上的平台即显示这个状态，而 Langmuir isotherm 就属于这一型；Type II 属于多层吸附，由单层吸附到饱和后进而到多层，形成凝结的形态；Type III 发生在凝结热大于吸附热时，此时由于吸附质与被吸附的吸附质间的作用力大于吸附剂与吸附质间的作用力，所以图形上并无平台的出现；而 Type IV 与 Type V 图形则分别类似于 Type II 和 Type III，多半发生在孔隙材料的吸附现象中，凝结的现象发生在压力小于吸附质饱和蒸气压的条件下。

等温吸附曲线的数学式，主要是以经验模式为主，可适当的表示两相间的等温吸附平衡关系。最早是 Freundlich 于 1907 年根据实验结果提出等温吸附模式；随后 Langmuir 于 1916 年提出单分子层吸附理论；在 1938 年 Brunayer、Emmett、Teller 根据 Langmuir 的假设与理论推导出多分子层吸附模式，又简称 BET 吸附方程式，此三种模式是目前解析吸附现象时最常用的模式。

Freundlich 于 1907 年根据等温吸附吸附平衡结果所提出的经验公式，经后人推演，可用在描述不均匀表面吸附剂的吸附程序，此模式的基本假设为固体表面具有不同的吸附位置，需要不同的吸附能量，其公式如下：

$$q_e = K_F C_e^{1/n} \qquad (11\text{-}1)$$

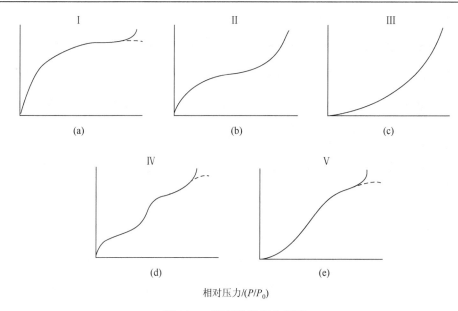

图 11-1　等温吸附线分类图

式中，q_e 为固相平衡浓度（mg/g）；C_e 为液相平衡浓度（mg/L）；K_F 为经验常数
$[(mg/g)/(mg/L)^{1/n}]$；n 为经验常数。

经推导得

$$\ln q_e = \ln K_F + \frac{1}{n}\ln C_e \tag{11-2}$$

取 $\ln q_e$ 对 $\ln C_e$ 作图，如符合 Freundlich isotherm，则可得截距 $\ln K_F$ 与斜率 $1/n$，
进一步求取 K_F 与 n。

Langmuir 于 1918 年由理论推导出的理论等温平衡式，用来描述表面均匀的
吸附剂和吸附质之间的模式，其基本假设为：

（1）固体表面分子层吸附容量为单层饱和吸附量；

（2）吸附剂表面为分布均匀且具有一定数量的吸附位置；

（3）每个位置吸附一个粒子；

（4）每个位置对吸附质具备相同的亲和力；

（5）吸附质分子间无交互影响作用。

其公式如下：

$$q_e = \frac{q_m K_L C_e}{1 + K_L C_e} \tag{11-3}$$

式中，q_e 为单层吸附的固相平衡吸附量（mg/g）；C_e 为液相平衡浓度（mg/L）；q_m

为单层饱和吸附量（mg/g）；K_L 为吸附焓系数（L/mg）。

经推导得

$$\frac{C_e}{q_e} = \frac{C_e}{q_m} + \frac{1}{q_m K_L} \tag{11-4}$$

取 C_e/q_e 对 C_e 作图，如符合 Langmuir isotherm，则可得截距 $1/q_m K_L$ 与斜率 $1/q_m$，进一步求取 K_L 与 q_m。

Brunauer、Emmett 与 Teller 于 1938 年延伸 Langmuir 的理论基础，并提出 BET 吸附理论，应用在描述非孔性固体表面的多层吸附行为。其基本假设如下：

（1）第一层吸附假设与 Langmuir 吸附理论相同；

（2）第二层以上，任一吸附层其吸附热与汽化热相同；

（3）各层的分子在水平方向无相互影响作用；

（4）压力增加至吸附质的饱和蒸气压时，吸附量将增加至无限大。

其公式如下：

$$\frac{P}{V(P_0 - P)} = \frac{1}{V_m C} + \frac{(C-1)P}{CV_m P_0} \tag{11-5}$$

式中，V 为吸附质压力为 P 时，吸附剂所吸附的气体体积（STP）；V_m 为吸附剂单层吸附达饱和时，所吸附的气体体积（STP）；P 为吸附质的平衡分压；P_0 为操作温度下，吸附质的饱和蒸气压；C 为 BET 常数，C 约等于 $\exp[(\Delta H_L - \Delta H_1)/RT]$。

取 P/V（P_0/P）对 P/P_0 作图，如符合 BET isotherm，则可得截距 $1/V_m C$。

11.2 目标污染物——砷

11.2.1 砷的基本特性及来源

砷（arsenic），在自然水体及饮用水的污染事件中，长久以来一直危害着人体的生命安全，自然界中常以氧化物或硫化物的形态存在，有灰砷、黄砷及黑砷三种异构物。水体中砷的化学形态相当复杂，在不同氧化还原状态的溶液中，砷有四种稳定氧化价位状态（+5，+3，−3，0）。在水域环境中砷常以砷酸盐[H_3AsO_4，$(H_2AsO_4)^-$，$(HAsO_4)^{2-}$]、亚砷酸盐[H_3AsO_3，$(H_2AsO_3)^-$，$(HAsO_3)^{2-}$]、单甲基砷（monoethylarsonic acid，MMA）与双甲基砷（dimethylarsinic acid，DMA）的形式存在，详细的砷 Eh-pH 物种变化如图 11-2 所示。砷在元素周期表中被归为类金属物质，并以各种不同的形态存在于自然界的石头、土壤及河流中，表 11-1 所示即为自然界中含砷的矿物。其来源可分为自然界地质活动和人类文明制造，前者来自地壳中所含有的天然砷矿，经过风化及冲刷等剥蚀过程，或火山的喷出物，砷也从土壤和植物体中释放到大气；后者则源于人类文明所产生的工厂、农业和半导体光电业废水。

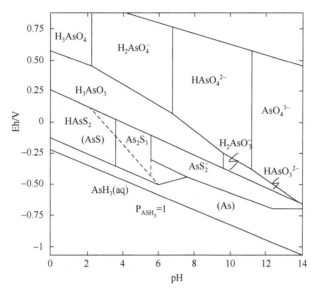

图 11-2　砷的 Eh-pH 物种变化图（25℃，1atm）

表 11-1　含砷矿物的种类

矿物	成份	常见区域
天然砷（native arsenic）	As	热液脉体
红砷镍矿（niccolite）	NiAs	脉型矿床和苏长岩
硫化砷（realgar）	AsS	脉型矿床，通常包含三硫化二砷、黏土和石灰岩，也可在温泉中沉积
三硫化二砷（orpiment）	As_2S_3	热液脉体，温泉，火山升华产物
辉钴矿（cobaltite）	CoAsS	高温沉积物，变质岩
砷黄铁矿（arsenopyrite）	FeAsS	最丰富的砷矿，主要在矿物脉体中
砷黝铜矿（tennantite）	$(Cu，Fe)_{12}As_4S_{13}$	热液脉体
硫砷铜矿（enargite）	Cu_3AsS_4	热液脉体
三氧化二砷（arsenolite）	As_2O_3	由氧化砷黄铁矿，本底砷以及其他砷矿物形成的次生矿物
白砷石（claudetite）	As_2O_3	次生矿物
臭葱石（scorodite）	$FeAsO_4·2H_2O$	次生矿物
镍华（annabergite）	$(Ni，Co)_3(AsO_4)_2(OH)_8$	次生矿物，冶炼厂废物

矿物	成份	常见区域
砷镁石（hoernesite）	$Mg_3(AsO_4)_2 \cdot 8H_2O$	—
羟砷镁锰矿（haematolite）	$(Mn，Mg)_4Al(AsO_4)(OH)_8$	次生矿物
砷钙铜矿（conichalcite）	$CaCu(AsO_4)(OH)$	砷黄铁矿和其他砷矿物的氧化产物
毒铁矿（pharmacosiderite）	$Fe_3(AsO_4)_2(OH)_3 \cdot 5H_2O$	热液脉体

　　砷在人类产业中扮演着不可或缺的角色，常被应用于农业、工业、医疗和半导体业上。农业上砷可作为除草剂、杀虫剂、杀菌剂、干燥剂和木材防腐剂的原料或添加剂（如甲基砷酸钠和双甲基砷酸被添加于除草剂和杀虫剂中）；工业上则被应用于玻璃器皿制造、木材防腐剂、陶瓷制造、冶金、制革、纺织、染料、炼油及稀土金属等工业（如玻璃器皿工厂以三氧化二砷和亚砷酸钠为原料，木材处理以铬砷酸铜为防腐剂）；医疗上，雄黄可治疗皮肤病及慢性支气管炎等慢性病，亚砷酸钠可当作去除家畜虱子的浸液；半导体业上主要为使用砷化氢和砷化镓等相关材料。然而，若不适当管制含砷废弃物的流向，所造成的危害将导致环境与生态的浩劫，尤以饮用水及地下水污染问题最令人头痛。此外，借由风化及溶解作用，土壤及岩石中的砷可以进入地下水系统，其造成的地下水污染，更是扩及广大区域，令人"闻砷色变"。

　　砷的元素符号为 As，原子序号 33，相对原子质量是 74.92，是一种以有毒著名的类金属，由于最外层电子结构为 $4s^2$、$4p^3$，所以砷有许多的价数与同素异形体，它易以砷化物与砷酸盐化合物存在。此外，砷在自然界中最稳定的同位素为 ^{75}As，除了 ^{75}As 外，至少有 33 种砷的同位素被发现，如 ^{71}As、^{72}As、^{73}As、^{74}As、但由于其半衰期很短（约 65h 至 85d），故在自然界中不易被发现。

　　砷可经由地表的风化作用和降水，以及人类工厂的污水排放，进入地下水、河川和海洋中，在不同氧化还原状态环境下，砷会以不同的氧化价数存在于水溶液中，砷的稳定价数有四种（+5、+3、0、−3），最常以 +3 和 +5 价数存在，分别为亚砷酸盐 As（III）和砷酸盐 As（V），砷在水中的离子形态受水溶液的 pH 和氧化还原电位（Eh）影响，As（III）可以 H_3AsO_3、$H_2AsO_3^-$、$HAsO_3^{2-}$、AsO_3^{3-}存在，As（V）会以 H_3AsO_4、$H_2AsO_4^-$、$HAsO_4^{2-}$、AsO_4^{3-}存在，随着 pH 的上升，As（III）和 As（V）会从不带电的 H_3AsO_3 与 H_3AsO_4 解离为带三个负电的 AsO_3^{3-} 与 AsO_4^{3-}阴离子存在于水溶液中。

　　图 11-2 所示为在 25℃，1atm 下，于不同 pH 和氧化还原电位（Eh）的环境下，溶解态砷可能出现的各种化合物形式。在氧化态中（0.2~0.5V），砷的主要物种为 As（V）且其溶解度相当低；在还原态中（<0.1V），砷的移动性由水合氧化铁的溶解所控制，As（V）会与水合氧化铁共沉淀，水中砷浓度降低，造

成砷的释放,在厌氧的情况下,由土壤与沉积物中释放出来的砷主要为 As(III),其显示 As(III)与 As(V)在特定环境状况下可互相转换,一般地下水的环境为厌氧状态,As(III)自身不易氧化为 As(V),所以地下水通常同时存在 As(III)和 As(V)。As(III)和 As(V)的解离方程式与 pK_a 值如表 11-2 所示,由图 11-3 可知在酸性 pH 下(pH=3),As(III)以不带电的 H_3AsO_3 分子存在,As(V)以 H_3AsO_4 分子与 $H_2AsO_4^-$ 阴离子存在,而在中性 pH 下(pH=7),As(III)仍以不带电的 H_3AsO_3 分子存在,As(V)以 $H_2AsO_4^-$ 分子与 $HAsO_4^{2-}$ 阴离子存在。对于 As(III),当 pH 小于 9.22 时,As(III)以不带电分子 H_3AsO_3 存在,而对于 As(V),pH 为 3 时,As(V)不再以不带电分子 H_3AsO_4 存在为主,而是以带电的 $H_2AsO_4^-$ 阴离子存在。

表 11-2　亚砷酸盐和砷酸盐于水溶液中的解离常数

解离反应	pK_a
$H_3AsO_3 \longleftrightarrow H^+ + H_2AsO_3^-$	$pK_{a1}=9.22$
$H_2AsO_3^- \longleftrightarrow H^+ + HAsO_3^{2-}$	$pK_{a2}=12.13$
$HAsO_3^{2-} \longleftrightarrow H^+ + AsO_3^{3-}$	$pK_{a3}=13.40$
$H_3AsO_4 \longleftrightarrow H^+ + H_2AsO_4^-$	$pK_{a1}=2.2$
$H_2AsO_4^- \longleftrightarrow H^+ + HAsO_4^{2-}$	$pK_{a2}=6.97$
$HAsO_4^{2-} \longleftrightarrow H^+ + AsO_4^{3-}$	$pK_{a3}=11.53$

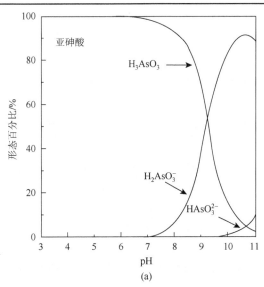

(a)

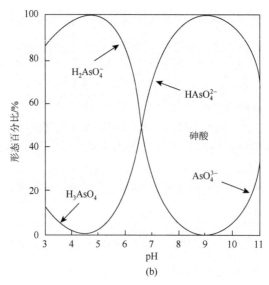

图 11-3 不同 pH 下砷的物种分布

11.2.2 砷的危害

砷化合物常以下列三种方式存在：①不带电（As）；②三价砷（arsenite）；③五价砷（arsenate）。其化合物对哺乳动物的毒性由价数、有机/无机、相态、溶解度、粒径、吸收率、代谢率以及纯度等因素决定。一般来说，无机砷比有机砷毒性大，三价砷比五价砷毒性大，砷化氢的毒性则是目前已知的砷化合物中最毒的一个。三价砷会抑制含—SH 的酵素，五价砷会在许多生化反应中与磷酸竞争，因为键结不稳定，很快会水解而导致高能键（如 ATP）的消失。砷化氢被吸入后会很快与红细胞结合并造成不可逆的细胞膜破坏，低浓度时砷化氢会造成溶血，高浓度时则会造成多器官的细胞中毒。

世界卫生组织发布的数据显示，目前全球约有七十个国家有饮用水含砷的问题，报告中指出，发展中国家对饮用水含砷量并没有特别的限制，其浓度常较发达国家要高。包含印度东部在内的十几个国家和地区（加拿大、澳大利亚、墨西哥、芬兰、阿根廷、巴西、智利、匈牙利、墨西哥、中国台湾、泰国、美国西部、越南），都曾暴发大规模的砷污染事件。报道中揭示，长期饮用含砷的水将导致癌症，使肝脏、皮肤、肾脏与心血管系统中毒，根据美国毒物标准局疾病登记处（Agency of Toxic Substances and Disease Registry，ATSDR）的数据显示，砷会对心血管、神经、免疫、内分泌及生殖系统产生危害，并导致肺癌、皮肤癌、膀胱癌、肝癌、肾癌、前列腺癌及鼻咽癌。有鉴于此，世界卫生组织（WHO）于 1996年将饮用水中的砷标准调降为 $10\mu g/L$。

中国台湾早年乌脚病的发生即被认为与地下水中的砷有关，乌脚病是一种地区流行性下肢外围血管疾病，早期症状主要有脚末端麻痹、发冷及发绀，脚底的刺痛感就好像赤足走在碎石路上的感觉，并会有间歇性跛行等情形。病情恶化之后，趾头开始变黑、溃烂、发炎，并向上扩散，最后则需截肢。

虽然乌脚病已暂时销声匿迹，而其与砷之间的关联性仍有所争议，但临床的研究已明确指出，砷具有致病的毒性，当摄入过量时可能会引发肝、肺、胰、肾等脏器的病变，甚至会导致死亡。砷被人体吸收之后会分布到肝、脾、肾、肺、消化道，然后在暴露四周之后大概只在皮肤、头发、指甲、骨头、牙齿还存有少量，其他的都会被迅速地排除掉。在人体内，五价砷和三价砷会互相转换，而去毒的甲基化则多半在肝脏进行。甲基化的能力会因砷暴露量增加而减低，然而，甲基化的能力是可以被训练的，若长时间暴露于低浓度的砷环境中，则之后再暴露在高浓度砷时甲基化能力会增强。经甲基化的砷会由肾脏、排汗、皮肤脱皮或指甲头发等排除。而海产中的砷化物无法在人体内转化，通常也以原貌由尿液排出。无机砷通常在两天内排除，海产所含的砷化合物亦然。

2010 年 6 月，长期致力于砷污染研究的美国学者指出，全球至少有多达七千七百万人长期饮用砷含量达有毒程度的遭污染地下井水，导致他们面临早死危险。刊载于医学期刊"刺胳针"（Lancet）的研究引起了世界卫生组织的重视，世界卫生组织在声明中称此为"史上最大规模的人口集体中毒"，而中国台湾早年曾发生过的乌脚病事件，更广泛被认为与饮水中的砷有关。Lin 等（2001）于当时在台湾西南沿岸（布袋、义竹、北门、学甲）进行地下水砷污染的调查发现，当地渔民抽取地下水进行养殖鱼类的情形十分普遍，在采样的 21 个养殖池中有 8 个养殖池超过当时的"二级水产用水标准（50μg/L）"，平均砷含量高达 54.09μg/L。综上所述，饮用水、地下水或自然水体中含砷污染关系全球上亿人口的生命安全，因此，如何快速且有效解决水中的砷污染问题成为刻不容缓的议题。

11.2.3　除砷方法

常见的除砷方法主要包含氧化/沉淀（oxidation/precipitation）、混凝/共沉淀（coagulation/coprecipitation technologies）、吸附/离子交换（adsorption and ion-exchange technologies）、薄膜过滤（membrane technologies）等技术。然而，氧化/混凝/共沉淀法会产生大量污泥，而增加处理成本；离子交换法对水中阴离子几乎没有选择性，且吸附复杂废水后，可能有再生率不高的问题；薄膜过滤法则因堵塞问题导致必须经常更换滤膜，故费用比其他方法高出许多。因此，在上述移除水体砷污染的技术中，被应用于实场的仍以"吸附"方式最为可行。

由于吸附剂（adsorbent）在吸附程序中主宰着吸附的成效，因此，适当地选择吸附剂是发展吸附技术的关键因素。"磁铁矿（magnetite，Fe_3O_4）"，又称"铁氧磁体（ferrite）"，即为天然常见的尖晶石铁氧化物，近年来以此类尖晶石吸附水中重金属的研究相继受到重视，现将相关文献成果简述于下：

Yantasee 等（2007）尝试以巯基丁酸（dimercaptosuccinic acid，DMSA）进行 Fe_3O_4 表面改质，测试其吸附水中汞离子、银离子、铅离子、镉离子、铊离子、砷离子的能力，研究结果发现 Hg、Ag、Pb、Cd 及 Tl 倾向被吸附于 DMSA 配位基上，As 则倾向被吸附键结于 Fe_3O_4 晶格上。

Yantasee 等（2007）还发现 Fe_3O_4-DMSA 可以 1.2 特斯拉的强力磁铁快速将 1ppm 的 Pb 吸附，去除率达 99%以上。Liu 等（2008）以腐殖酸（humic acid）覆盖于 Fe_3O_4 上作为吸附剂（Fe_3O_4/HA）去除水中的二价汞、二价铅、二价镉及二价锰，研究结果发现于 15min 内，Fe_3O_4/HA 吸附剂可快速地将 99%以上的 Hg（Ⅱ）及 Pb（Ⅱ）吸附，Cd（Ⅱ）及 Cu（Ⅱ）吸附率则达 95%以上。Wang 等（2009）以 Fe_3O_4 结合胶凝树脂成功去除了水中二价铅、三价铬及二价锰，其吸附移除的重金属量依序为 $Pb^{2+}>Cr^{3+}>Mn^{2+}$。

近年更有数篇以双金属铁氧磁体作为吸附剂去除水中含砷污染的研究被发表在国际重要期刊上。Parsons 等（2009）研究 Fe_3O_4、Mn_3O_4 及 $MnFe_2O_4$ 对水中三价砷及五价砷的去除能力，结果显示，三种吸附剂对于五价砷的吸附效果皆优于三价砷，并研究发现，在 pH 小于 3 时，会有 Fe 及 Mn 离子溶出的情形发生。

Liu 等（2010）以活性炭（activated carbon）负载于磁铁矿（Fe_3O_4）的表面，研究其对于吸附水中砷的特性及效果。结果发现，改质后的磁铁矿因活性炭的高比表面积，相对提升其对砷的吸附容量，于 pH=8 的条件下，砷的最大吸附量可达 204.2mg/g Fe_3O_4。

Zhang 等（2010）则比较双金属铁氧磁体（$MnFe_2O_4$ 及 $CoFe_2O_4$）与磁铁矿（Fe_3O_4）吸附剂对水中砷的吸附成效，研究发现不论是 $MnFe_2O_4$ 还是 $CoFe_2O_4$ 吸附剂，对于水中砷的去除皆较磁铁矿（Fe_3O_4）有较佳的吸附效果。

此外，"同步辐射 X 光吸收光谱法"被应用于探求吸附界面元素键结的机制分析，是一种强而有力的工具，应用此法不仅可深入解读吸附过程中吸附态金属周围原子的种类、个数及原子间距，更为吸附固、液相表面金属元素结合机制提供了极为宝贵的证据。本研究将借由同步辐射的 X 光吸收光谱法分析双金属在氧化物中的键结构造和氧化还原状态（如 Fe-Cu 的结构分布）及吸附在氧化物表面的砷酸根或亚砷酸根离子的键结构造和可能的氧化态转变，以探求吸附过程中的反应机制。

综上所述，磁铁矿及双金属铁氧磁体被应用于吸附砷污染水体在国际上已渐受重视，有鉴于此，本研究比较自行合成纳米级的磁铁矿（Fe_3O_4）与工业污泥产制的双金属铁氧磁体（$CuFe_2O_4$）测试其对水体中砷的吸附效能，合成反应如式（11-6）及式（11-7）所示：

$$3Fe^{2+}+6OH^-+1/2O_2 \longrightarrow Fe_3O_4+3H_2O \tag{11-6}$$

当溶液中有其他金属离子共存时，反应则如式（11-7）所示：

$$xM^{2+}+(3-x)Fe^{2+}+6OH^-+1/2O_2 \longrightarrow M_xFe_{(3-x)}O_4+3H_2 \tag{11-7}$$

纳米科技方兴未艾，于吸附领域的应用亦一日千里。在异相吸附反应中，扩散因子往往成为反应速率的限制步骤，借由吸附剂粒子的纳米化不但提供了极大的表面积，同时也缩短了扩散距离，因此可大幅增进反应速率。此外，纳米粒子上占极多比例的表面原子所带有的表面能量，也可能使得纳米吸附剂有不同于一般吸附剂的吸附性能。综上所述，本研究的目的是发展一种新型的磁性纳米级吸附材，借由其纳米性质及磁力特性达到快速、有效解决水中砷污染的问题，以期解决区域性及全球性砷污染水体（饮用水及地下水）的严重危害问题。

第 12 章 实验材料与研究方法（选择性吸附材）

本研究共分四大阶段进行，第一阶段为 $CuFe_2O_4$ 合成条件最适化研究，此阶段是为了讨论 $CuFe_2O_4$ 的最佳合成条件及制备流程，规划的操作变因包含硫酸亚铁添加量、反应温度、pH 及曝气量，详细内容请参阅第 7 章。

第二阶段为 $CuFe_2O_4$ 基本特性研究，此阶段是为了解 $CuFe_2O_4$ 的基本物理特性，使用的仪器包含 X 光绕射仪（X-ray diffractometer，XRD，BRUKER D8 Advance，Germany）、超导量子干涉振动磁量仪（superconducting quantum interference device vibrating sample magnetometer，SQUID VSM，USA）、扫描式电子显微镜（scanning electron microscopy，SEM，JSM-6330，Japan）及比表面积分析仪（brunauer，emmett and teller analyzer，BET analyzer）。

第三阶段为 $CuFe_2O_4$ 吸附砷的最适化操作条件研究，此阶段探讨的变因包括溶液的 pH、吸附剂质量、吸附反应的温度与共同离子效应。另外，由于被吸附于铁氧磁体上的五价砷很有可能被晶格内的二价铁还原成更具毒性的三价砷，因此尝试以 X 光吸收近边缘结构（X-ray absorption near-edge structure，XANES）图谱探求五价砷被还原成三价砷的氧化态转变情形。

第四阶段为反应动力参数的求解及等温吸附曲线的绘制，本阶段乃借由"拟一阶动力模式（psuedo-first order kinetic model）"及"拟二阶动力模式（psuedo-second order kinetic model）"来评估其吸附过程，作为将来程序设计的重要参考指针。等温吸附曲线则以常用的 Langmuir model 及 Freundlich model 来模拟。

此外，为了解自制铁氧磁体的再生特性，进行连续三次的"吸附-脱附"程序测试五价砷的脱附效能及再生特性。测试的脱附剂为常见的六种酸类及盐类（H_3PO_4、Na_3PO_4、H_2SO_4、Na_2SO_4、HCl、HNO_3），脱附操作条件为五价砷初始浓度 10mg/L、温度 25℃、脱附剂浓度 0.0125～0.4mol/L、铁氧磁体 0.05g、脱附剂体积 10mL、脱附时间 30min。现将相关的研究条件分以下部分概述。

12.1 自制铁氧磁体尖晶石吸附剂的基本特性研究

（1）比表面积、孔洞体积及孔洞直径的测定（用以得知比表面积大小）；

（2）饱和磁化量分析测定（用以判定磁力大小）；

（3）扫描式电子显微镜分析测定（用以判定粒径大小及表面形态）；

（4）粒径分析仪（用以判定粒径组成分布）；

（5）X-ray 粉末绕射仪测定（用以判定晶相组成）；

（6）同步辐射 X 光吸收光谱仪（用以探求吸附过程中的反应机制）；

（7）界达电位测定（用以判定零电位点的 pH）。

12.2　铁氧磁体尖晶石吸附砷操作条件的最适化研究

（1）模拟砷污染水体体积：10mL；

（2）吸附剂质量：0.01g，0.02g，0.05g，0.10g，0.2g；

（3）砷浓度：0.1ppm，1ppm，10ppm，100ppm；

（4）pH 控制：3，4，5，6，7，8，9，10，11，12；

（5）温度：25℃，35℃，45℃；

（6）吸附时间：0min，3min，5min，10min，30min，60min，120min，240min；

（7）以 0.45μm 滤纸过滤；

（8）以电感耦合等离子体质谱仪（Element 2）量测元素砷的浓度。

12.3　反应动力参数及等温吸附曲线的求得

吸附速率是系统中去除污染物的一项重要参数，吸附系统的吸附机制，除了从平衡吸附观点来评估之外，更包含动力吸附的推估来加以综合讨论。本研究将以"拟一阶动力模式（psuedo-first order kinetic model）"及"拟二阶动力模式（psuedo-second order kinetic model）"评估其吸附过程，作为将来程序设计的重要参考指针。等温吸附曲线则以常用的 Langmuir model 及 Freundlich model 来评估。

第 13 章 吸附材基本特性与砷吸附效能

13.1 CuFe$_2$O$_4$基本特性测定

本研究所产制的 CuFe$_2$O$_4$吸附材经由酸浸出、化学置换与铁氧磁体程序而生成，相应的生成反应可简单表示如式（13-1）、式（13-2）与式（13-3）所示。

$$Cu\text{-污泥}+H_2SO_4 \longrightarrow Cu^{2+}+\text{污泥} \tag{13-1}$$

$$Fe+Cu^{2+} \longrightarrow Fe^{2+}+Cu \tag{13-2}$$

$$Cu^{2+}+2Fe^{2+}+6OH^-+1/2O_2 \longrightarrow CuFe_2O_4+3H_2O \tag{13-3}$$

13.1.1 XRD 晶相鉴定

图 13-1 所示为产制的吸附材晶相生成 XRD 图，XRD 的操作条件为电压 40kV，电流 40mA，Cu 靶，Kα 射线，Ni 滤片，2θ 绕射角度 10°～80°，扫描速率为 5°/min 情况下，合成晶相主要的 d-spacings 绕射波峰分别在 4.790Å、2.960Å、2.517Å、2.100Å、1.613Å、1.479Å、1.272Å、1.087Å 及 0.964Å 位置，相当吻合 JCPDS（Joint Committee on Powder Diffraction Standards）数据库的 CuFe$_2$O$_4$标准图谱（JCPDS file number 00-025-0283），并无其他晶相生成。

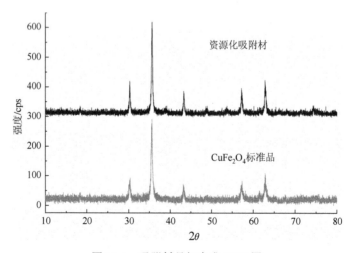

图 13-1 吸附材晶相生成 XRD 图

13.1.2　CuFe$_2$O$_4$ 饱和磁化量测定

据文献指出，在饱和磁化量大于 16.3 emu/g 的条件下，即足够以磁力将此物质从液相中分离出来，因此，自制铁氧磁体饱和磁化量的大小将决定吸附实验后能否以磁力将吸附剂快速分离。图 13-2 所示为自制铁氧磁体（CuFe$_2$O$_4$）的磁滞曲线测定图，在 SQUID 操作条件为 300K，−20000Oe～20000Oe 的条件下，可得最大饱和磁化量为 62.52 emu/g，由图中可知，自制的铁氧磁体无磁滞现象的发生，更确认其顺磁特性（paramagnetic）。

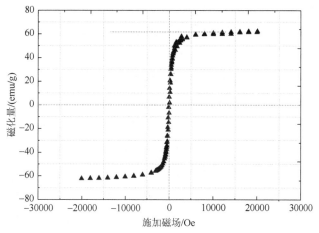

图 13-2　CuFe$_2$O$_4$ 磁滞曲线

13.1.3　CuFe$_2$O$_4$ 表面形态与粒径分析

图 13-3 是以扫描式电子显微镜（SEM）观察铁氧磁体颗粒的表面状态，从图中可发现肉眼所见每个铁氧磁体吸附剂颗粒是由成千上万的纳米级微小颗粒凝聚而成，原始颗粒（primary particle）介于 60～120nm，其间分布许多不规则的孔洞，这意味着铁氧磁体吸附剂提供了广大的表面吸附位置以供吸附反应。此外，为进一步确认其原始粒径（primary particle size）主要分布范围，本研究更以粒径分布分析仪进行测量，结果发现（图 13-4），形成铁氧磁体吸附剂的原始颗粒粒径主要分布于 60～120nm，平均粒径则为 80nm。

13.1.4　CuFe$_2$O$_4$ 零电位点（pH$_{ZPC}$）

零电位点（zero point of charge，pH$_{zpc}$）是指金属表面层所产生的带正电荷地址数与带负电地址数相当，使金属表面电位为零时的 pH，一般可经由界达电位仪直接量测求得。由图 13-5 可知，自制铁氧磁体的零电位点（pH$_{zpc}$）约为 7.3，这

图 13-3　CuFe$_2$O$_4$ 的 SEM 图

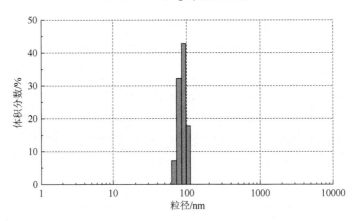

图 13-4　CuFe$_2$O$_4$ 粒径分布图

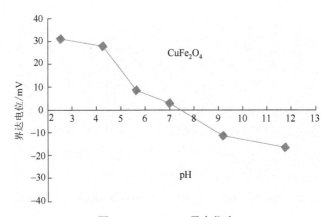

图 13-5　CuFe$_2$O$_4$ 零电位点

意味着当操作的 pH>7.3，铁氧磁体表面带负电，倾向于吸附带正电的离子；相反，当操作的 pH<7.3，铁氧磁体表面带正电，则倾向于吸附带负电的离子。借由改变溶液操作的 pH，即可实现对不同离子的去除。

13.2　CuFe₂O₄ 吸附砷的最适化研究

13.2.1　pH

在液相吸附反应中，影响吸附的关键因素不外乎溶液的 pH、吸附剂质量、吸附反应的温度与共同离子效应。图 13-6 所示为 pH 对纳米级 CuFe₂O₄ 吸附五价砷的影响 [吸附条件：温度=25℃，As（V）初始浓度=10mg/L，反应体积=10mL，CuFe₂O₄ 质量=0.01g]，图中说明了在酸性环境下（pH 2~7），纳米级 CuFe₂O₄ 吸附材对砷有较佳的吸附移除效能，于不到 5min 的时间内，即可有效地将液相中的五价砷吸附，移除率达 95%以上，尤其在 pH 3~4 的条件下，吸附移除效率可达99.99%以上。反观在碱性环境下（pH 8~12），纳米级 CuFe₂O₄ 吸附材对砷的移除效能则相对降低许多。

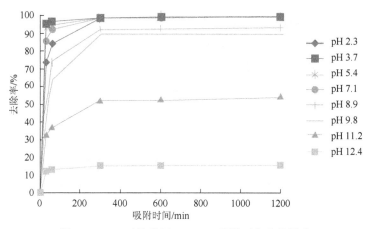

图 13-6　pH 对纳米级 CuFe₂O₄ 吸附五价砷的影响

此现象与溶液中的砷物种及纳米级 CuFe₂O₄ 表面电荷有密切关系。下列三个五价砷的物种方程式显示在 pH 大于 2.2 的情况下，五价砷将以阴离子的形态（$H_2AsO_4^-$、$HAsO_4^{2-}$ 及 AsO_4^{3-}）存在于溶液中。由于纳米级 CuFe₂O₄ 吸附材零电位点（zero point of charge，pH_{zpc}）约为 7.3，意味着当溶液的 pH 被控制在小于 7.3 的情况下，铁氧磁体表面带正电荷，易于吸附带负电荷的阴离子；换句话说，当溶液的 pH 被控制在大于 7.3 的情况下，铁氧磁体表面带负电荷，易于吸附带正电荷的阳离子。

$$H_3AsO_4 \longrightarrow H_2AsO_4^- + H^+ \quad pK_{a_1} = 2.2 \qquad (13\text{-}4)$$

$$H_2AsO_4^- \longrightarrow HAsO_4^{2-}+H^+ \quad pK_{a_2}=6.97 \tag{13-5}$$

$$HAsO_4^{2-} \longrightarrow AsO_4^{3-}+H^+ \quad pK_{a_3}=11.53 \tag{13-6}$$

综上所述，在酸性环境下（pH 2.2～7），纳米级 $CuFe_2O_4$ 吸附材表面带正电荷，而此时溶液中的砷皆以阴离子的形态存在，因此，自然具有较佳的吸附移除能力。但值得注意的是，当 pH 过酸时（小于 3），难免有铁氧磁体尖晶石结构被破坏而造成铁离子溶出之虞，故于实场操作时，应注意控制溶液的 pH 于 3 以上。

13.2.2　吸附材质量

图 13-7 所示为不同 pH 及吸附材质量对纳米级 $CuFe_2O_4$ 吸附五价砷的影响[吸附条件：温度=25℃，As（V）初始浓度=10mg/L，反应体积=10mL]，结果发现，随着纳米级 $CuFe_2O_4$ 吸附材质量的增加，吸附效能有显著上升的趋势，在吸附条

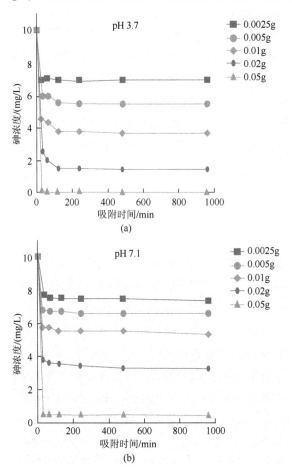

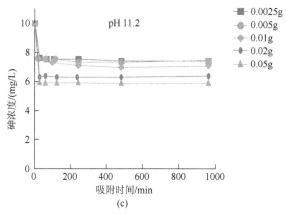

图 13-7　不同 pH 及吸附材质量对纳米级 CuFe₂O₄ 吸附砷的影响

（a）pH 3.7；（b）pH 7.1；（c）pH 11.2

件为 pH 3~7 的情况下，0.05g 的纳米级 $CuFe_2O_4$ 几乎可将五价砷自溶液中完全移除。然而，在吸附条件为 pH 11 的情况下（不利吸附），即使纳米级 $CuFe_2O_4$ 吸附材的质量增加至 0.05g，依然仅有约 40% 的移除率。

13.2.3　温度效应

表 13-1 显示温度对 As（Ⅴ）吸附效应的影响，由表中得知，于操作条件为 As（Ⅴ）初始浓度 19.98mg/L，$CuFe_2O_4$ 吸附材质量 0.01g，溶液体积 10mL，吸附时间 60min，pH 3.7 的情况下，25℃、35℃ 及 45℃ 的吸附率分别为 35.14%、36.44% 及 36.94%，此结果说明了在 25℃ 至 45℃ 的操作温度区间，温度的改变对高浓度 As（Ⅴ）（20mg/L）的吸附率并无明显效应，提升吸附的温度并无法有效提升 As（Ⅴ）的吸附移除效能。

表 13-1　温度对 As（Ⅴ）吸附效应的影响

反应温度	pH	吸附时间/min	砷浓度/(mg/L)	吸附率/%
25℃	3.7	0	19.98	—
		60	12.96	35.14
35℃	3.7	0	19.98	—
		60	12.7	36.44
45℃	3.7	0	19.98	—
		60	12.60	36.94

13.2.4　阴离子竞争效应

在液相吸附反应中，相同电荷的离子往往是目标污染物被吸附移除的竞争对手，亦是造成吸附效率减低的主要原因之一。由于 pH>2.2 时，五价砷将以阴离子的形态（$H_2AsO_4^-$、$HAsO_4^{2-}$ 及 AsO_4^{3-}）存在于水体中，因此，溶液中若存在其他阴离子，势必对纳米级 $CuFe_2O_4$ 吸附移除砷的效果造成一定影响。有鉴于此，本研究挑选自然界中常见的酸类及盐类共六种（H_3PO_4，Na_3PO_4，H_2SO_4，Na_2SO_4，HCl，HNO_3），于温度25℃，As（V）初始浓度 10mg/L，酸类或盐类浓度为 0.1mol/L，反应体积为 10mL 的条件下，测试其对纳米级 $CuFe_2O_4$ 吸附移除砷的竞争干扰程度。图 13-8 显示磷酸根（PO_4^{3-}）对纳米级 $CuFe_2O_4$ 吸附效能影响最大，硫酸根（SO_4^{2-}）次之，硝酸根（NO_3^-）则几乎没有干扰，其竞争干扰程度由大至小排序为 H_3PO_4>Na_3PO_4>H_2SO_4>Na_2SO_4>HCl>HNO_3，其相应的五价砷移除效率则分别为 99.31%、97.23%、55.71%、46.12%、35.91% 及 15.88%。此结果亦说明高价数的阴离子（如 PO_4^{3-}）相较于低价数的阴离子（如 NO_3^-）有更显著的竞争干扰作用。

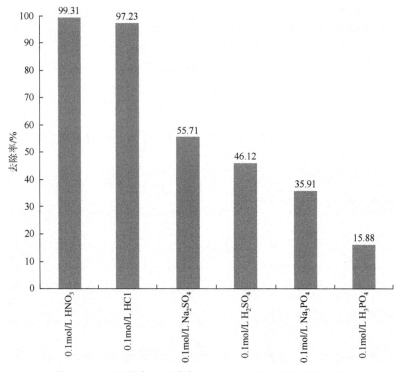

图 13-8　不同阴离子对纳米级 $CuFe_2O_4$ 吸附砷的竞争效应

13.3　等温吸附曲线及模式

不适当的吸附材添加常常增加后续固液分离的困难，更易造成污泥体积的增加。工程上为评估吸附材的添加量，常以等温吸附曲线来求得。图 13-9 所示即为纳米级 $CuFe_2O_4$ 于 25℃时，在不同 pH 下对 As（Ⅴ）的等温吸附曲线。结果显示，于操作条件为 As（Ⅴ）初始浓度 10～200mg/L，$CuFe_2O_4$ 质量 0.01 g，溶液体积 10mL，吸附时间 24h 的情况下，pH 分别为 3.7、7.1、11.2 时的饱和吸附量分别可达 45.66mg/g、36.63mg/g 及 15.06mg/g，等温吸附曲线呈 L 形趋势，此结果显示对 As（Ⅴ）来说，纳米级 $CuFe_2O_4$ 表面的吸附位置有一定数量，一旦吸附位置被 As（Ⅴ）占据，除非进行脱附反应，否则很难容纳更多的 As（Ⅴ）吸附于 $CuFe_2O_4$ 表面。在 pH 3.7 至 pH 11.2 的操作区间，pH 越低，As（Ⅴ）的吸附移除效率有明显的增加趋势。

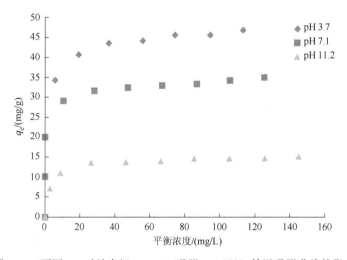

图 13-9　不同 pH 对纳米级 $CuFe_2O_4$ 吸附 As（Ⅴ）等温吸附曲线的影响

此外，为求得吸附平衡的数学模式参数，将吸附平衡结果分别以常用的 Freundlich model 与 Langmuir model 进行模拟。其平衡方程式分别如式（11-1）及式（11-3）所示。

图 13-10 所示为以 Langmuir 等温线及 Freundlich 等温线仿真实验值线性回归的结果，所得吸附平衡参数整理如表 13-2，结果显示，不论是 Langmuir model 还是 Freundlich model 皆能描述纳米级 $CuFe_2O_4$ 吸附材对五价砷的吸附平衡模式，但以 Langmuir model 有较佳的模拟结果（以 R^2 作为评判标准）。

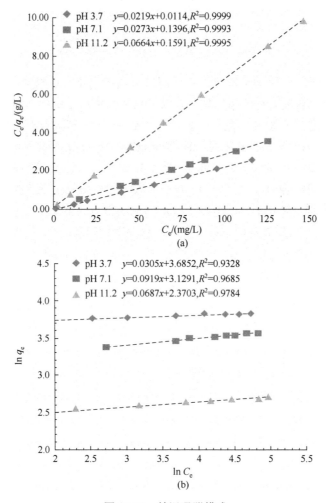

图 13-10　等温吸附模式

（a）Langmuir model；（b）Freundlich model

表 13-2　纳米级 CuFe$_2$O$_4$ 吸附五价砷的等温吸附模式参数

	Freundlich			Langmuir		
	K_F	n	R^2	q_m	K_L	R^2
pH 3.7	39.853	32.787	0.9328	45.66	1.921	0.9999
pH 7.1	22.853	10.881	0.9685	36.63	0.196	0.9993
pH 11.2	10.701	14.556	0.9784	15.06	0.417	0.9995

13.4　动力学模式

图 13-11 是描述吸附条件为 pH3.7，温度 25℃，溶液体积 10mL，纳米级

CuFe$_2$O$_4$ 为 0.01g 的情况下，接触时间与五价砷吸附量的关系，图中说明了于最初 10min，五价砷能快速有效地被吸附于纳米级 CuFe$_2$O$_4$ 上，60min 后，被吸附于 CuFe$_2$O$_4$ 上的五价砷已不再增加，因此，60min 的接触时间已足够让吸附反应达平衡。由图可知，当反应达平衡时，被吸附于纳米级 CuFe$_2$O$_4$ 上的五价砷可达 45.5mg/g。

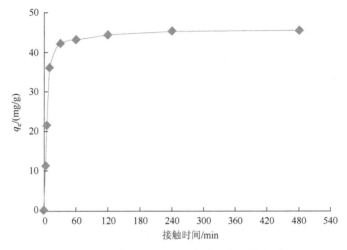

图 13-11 接触时间与五价砷吸附量的关系

此外，本研究亦利用拟一阶动力模式（pseudo-first-order kinetic model）和拟二阶动力模式（pseudo-second-order kinetic model）来描述五价砷在纳米级 CuFe$_2$O$_4$ 上的吸附动力模式，其方程式可表示如下：

拟一阶动力模式（pseudo-first-order kinetic model）

$$\ln(q_e-q_t)=\ln q_e-k_1t \tag{13-7}$$

拟二阶动力模式（pseudo-second-order kinetic model）

$$\frac{t}{q_t} = \frac{1}{k_2}q_e^2 + \frac{t}{q_e} \tag{13-8}$$

式中，t 为接触时间（min）；q_e 为固相吸附平衡浓度（mg/g）；q_t 为时间 t 的固相吸附浓度（mg/g）；k_1 为拟一阶模式动力常数（1/min）；k_2 为拟二阶模式动力常数[g/(mg·min)]。

图 13-12 是描述于吸附条件为 pH3.7，温度 25℃，溶液体积 10mL，CuFe$_2$O$_4$ 为 0.01g 的情况下，纳米级 CuFe$_2$O$_4$ 吸附五价砷的反应动力模式拟一阶动力模式和拟二阶动力模式。以 $\ln(q_e-q_t)$ 为 Y 轴，时间 t 为 X 轴数据作图可得拟

一阶动力模式［图 13-12（a）］，以 t/q_t 为 Y 轴，时间 t 为 X 轴数据作图可得拟二阶动力模式［图 13-12（b）］。由图 13-12（a）及图 13-12（b）观察发现，相较于拟一阶动力模式的仿真（$R^2=0.9034$），以拟二阶动力模式来描述纳米级 $CuFe_2O_4$ 吸附五价砷的反应动力有更佳的线性模拟结果（$R^2=0.9990$），说明 $CuFe_2O_4$ 吸附五价砷更适合以拟二阶动力模式（pseudo-second-order kinetic model）表示。

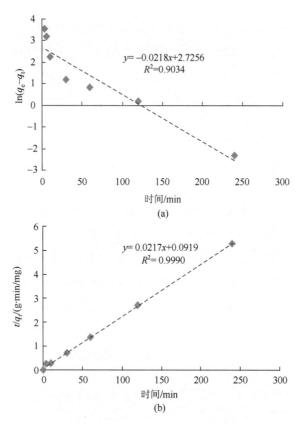

图 13-12　纳米级 $CuFe_2O_4$ 吸附五价砷的反应动力模式
（a）拟一阶动力模式；（b）拟二阶动力模式

13.5　X 光吸收近边缘结构分析

同步辐射 X 光吸收光谱法被应用于探求吸附界面元素键结的机制分析，是一种强而有力的工具，应用此法不仅可深入解读吸附过程中吸附态金属周围原子的种类、个数及原子间距，更为吸附固、液相表面金属元素结合机制提供了极为宝贵的证据。由于被吸附于纳米级 $CuFe_2O_4$ 上的五价砷很有可能被晶格内的二价铁还原成更具毒性的三价砷，特别是在低 pH 的还原环境下，因此，以 X 光吸收近边缘结构（X-ray absorption near-edge structure，XANES）图谱探求五价砷被还原成三价砷的氧化态转变情形。

砷的 X 光吸收近边缘结构分析（As K-edge XANES）是借助台湾同步辐射中心（National Synchrotron Radiation Research Center，NSRRC）的 17C 光束线（beamline 17 C）来执行的。磁性纳米级 $CuFe_2O_4$ 待测样品是以胶带固定于铝制的薄片上，使用的侦检器为 Lytle detector，并以 6μm 锗滤光片及一系列的 Soller slits 去除光源的影响，通过荧光模式来判定被吸收光子的量。所有的图谱是以砷的边缘（edge）能量 11867.0eV 作为校正基准，$NaAsO_2$ 及 Na_2HAsO_4（J.T. Baker，Inc.）则被用来作为三价砷及五价砷的 K-edge XANES 标准图谱。

图 13-13 所示即为吸附五价砷后 $CuFe_2O_4$ 表面的 X 光吸收近边缘结构分析图谱。由 As K-edge XANES 研究结果发现，五价砷于 11873eV 处有一吸收峰（absorption edge），而三价砷则于 11869.0eV 处有一吸收峰（absorption edge），而被吸附于 $CuFe_2O_4$ 上的砷（3.6mg/g），图谱上的吸收峰则仅出现于 11873eV 处，显示被吸附于 $CuFe_2O_4$ 上的五价砷并不会被其晶格内的二价铁还原成更具毒性的三价砷，进而对水体环境产生更大的危害。

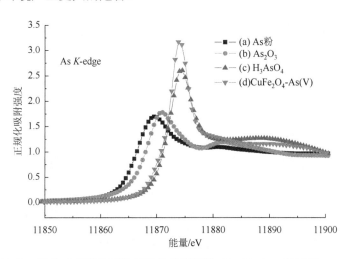

图 13-13　砷的 X 光吸收近边缘结构分析图谱（As K-edge XANES spectra）
（a）As（0）标准图谱；（b）As（Ⅲ）标准图谱；（c）As（Ⅴ）标准图谱；
（d）吸附 3.6mg/g As（Ⅴ）的 $CuFe_2O_4$ 表面

13.6　五价砷的脱附及纳米级 $CuFe_2O_4$ 再生特性测试

由于纳米级 $CuFe_2O_4$ 吸附材于吸附五价砷后若不经固化处理，即成为列管的

"有害事业废弃物"，因此，吸附材于吸附目标污染物后的进一步处置方式成为众人关切的问题。工程应用上为了解吸附材的再生特性，常以"脱附-再吸附"程序作为吸附材再生特性的评判标准。良好的再生作用就是在吸附材本身不发生变化或极少发生变化的情况下，用特殊方法将吸附质从吸附材的表面或孔洞中脱附去除，以恢复原始吸附能力，达到重复使用的目的。因此，脱附剂的选择即是吸附材再生的关键因素。

本研究测试以常见的六种酸类及盐类（H_3PO_4、Na_3PO_4、H_2SO_4、Na_2SO_4、HCl、HNO_3）作为五价砷的脱附剂，于脱附条件为五价砷初始浓度 10mg/L、温度 25℃、脱附剂浓度 0.1mol/L、$CuFe_2O_4$ 0.01g、脱附剂体积 10mL、脱附时间 30min 的情况下，进行纳米级 $CuFe_2O_4$ 的砷脱附测试，图 13-14 所示即为脱附效能测试结果。整体来说，测试的六种脱附剂的脱附效能以磷酸（H_3PO_4）最佳，磷酸钠（Na_3PO_4）次之，硝酸（HNO_3）最差，脱附效能由大到小的排序为 $H_3PO_4 > Na_3PO_4 > H_2SO_4 > Na_2SO_4 > HCl > HNO_3$，其相应的五价砷脱附效率分别为 95.36%、74.17%、63.74%、52.29%、1.97%、0.76%［图 13-14（a）］。此发现恰好呼应 13.2.4 节所得的阴离子竞争效应实验结果。这也说明了于吸附五价砷时干扰最大的阴离子为磷酸（H_3PO_4）（图 13-8），在脱附实验时相对的有最佳的五价砷脱附性能。此外，比较相同阴离子的脱附剂（如 H_3PO_4 与 Na_3PO_4）对 $CuFe_2O_4$ 吸附砷的效应，本研究发现在酸性环境中，五价砷有较佳的脱附效能（H_3PO_4 脱附效能为 95.36%，Na_3PO_4 脱附效能仅为 74.17%），同样的现象亦被发现于硫酸（H_2SO_4）及硫酸钠（Na_2SO_4）的实验结果［图 13-14（a）］。

由于六种脱附剂中，磷酸展现出最佳的五价砷脱附性能，为了解不同浓度的磷酸脱附剂对脱附效能所产生的影响，配置一系列浓度（0.0125mol/L、0.025mol/L、0.05mol/L、0.1mol/L、0.2mol/L 及 0.4mol/L）的磷酸及磷酸钠进行砷的脱附实验，除了比较不同浓度的磷酸根脱附五价砷的效果，也更进一步探究在同一浓度的磷酸根条件下，酸性或碱性环境对五价砷脱附的影响。由图 13-14（b）可知，当磷酸及磷酸钠溶液的浓度从 0.0125mol/L 增加到 0.4mol/L，从 $CuFe_2O_4$ 吸附材脱附出来的五价砷亦明显增加，于 30min 砷脱附可达平衡，在 0.4mol/L 的脱附溶液系统中，磷酸及磷酸钠对五价砷的脱附率可分别达 95.36% 及 80.48%。另一方面，当磷酸钠溶液的浓度小于 0.05mol/L 时，仅有非常少量的五价砷可从 $CuFe_2O_4$ 吸附材中被脱附出来，此结果显示，在碱性环境中，低浓度的磷酸根离子并不足以将五价砷从 $CuFe_2O_4$ 表面或孔洞中脱附，而相同浓度下的磷酸（0.05mol/L）则有约 52.29% 的五价砷脱附效能。在脱附测试完成后，纳米级 $CuFe_2O_4$ 可借由 4000Gauss 的永久磁铁于一分钟内快速有效地进行固液分离，达到吸附材高效率回收的目的。

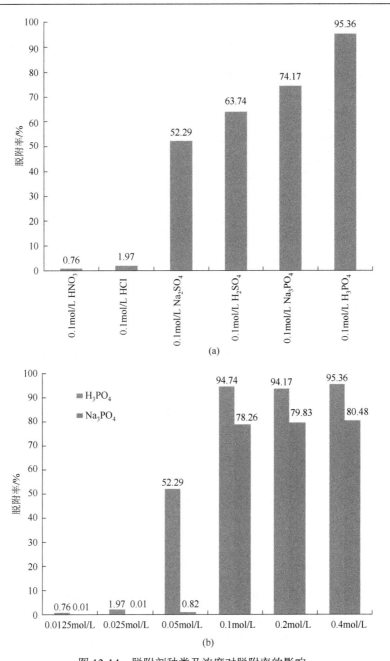

图 13-14 脱附剂种类及浓度对脱附率的影响

（a）不同酸类及盐类对五价砷的脱附效率；（b）不同浓度的脱附剂对脱附效能所产生的影响

图 13-14（b）说明了在五价砷初始浓度 10mg/L、温度 25℃、脱附剂浓度 0.1mol/L、CuFe₂O₄ 0.05g、脱附剂体积 10mL、脱附时间 30min 的情况下，一次的

脱附作用并不足以将全部的五价砷从 $CuFe_2O_4$ 中释放出来，于实际工程应用时，可实施多次脱附，使五价砷完全从 $CuFe_2O_4$ 中释放出来。考虑于实际的地下水砷污染环境中，砷的浓度约为数十至数百微克每升，因此，降低砷的浓度至 $500\mu g/L$，进行重复 3 次的吸脱附实验，相关条件为初始五价砷浓度 $500\mu g/L$、温度 25℃、磷酸浓度 $0.02mol/L$、$CuFe_2O_4$ $0.002g$、磷酸体积 $10mL$、$CuFe_2O_4$ 吸附时间 $30min$、磷酸脱附时间 $30min$，结果如图 13-15 所示。由图可知，于设定的测试条件下，新鲜的 $CuFe_2O_4$ 于第一次吸附实验时，对砷有 99.99% 的吸附移除率，经 $0.02mol/L$ 磷酸第一次脱附后进行第二次吸附测试，发现吸附率略为降低至 95.63%，于 $0.02mol/L$ 磷酸进行第二次脱附后，第三次的五价砷吸附移除率亦略降为 93.28%。连续三次的吸脱附实验发现，于设定的操作环境下，虽然 $CuFe_2O_4$ 随着再生次数的增加对五价砷的吸附移除率有些微的降低，但移除效率仍在 93% 以上，显示磁性纳米 $CuFe_2O_4$ 具有再生的可行性。

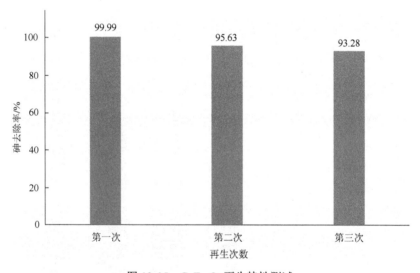

图 13-15　$CuFe_2O_4$ 再生特性测试

13.7　以磁性纳米 $CuFe_2O_4$ 处理受砷污染的地下水

13.7.1　砷污染地下水的化学组成

为测试纳米级 $CuFe_2O_4$ 应用于实际砷污染地下水的处理可行性，亦实际采集砷污染地下水的水样，表 13-3 所示为实际砷污染的地下水化学组成，表中显示采集的六口井砷的浓度范围从 $21.6\mu g/L$ 至 $84.3\mu g/L$，皆高于世界卫生组织（WHO）对砷所规定的饮用水标准值 $10\mu g/L$，若不经适当处理，借由农业灌溉或鱼虾养殖，甚至直接饮用，都易造成乌脚病，严重影响民众健康。此外，采集的地下水水样主要元素为钙（Ca）、镁（Mg）、钠（Na）、钾（K），浓度范围从数十至数百毫克每升，pH 介于中性范围（6.84~7.65），氧化还原电位则从−143mV 至 33mV，显示所采集的地下水除了 4 号井为氧化态外，其余皆属还原状态。

表 13-3 砷污染地下水的化学组成

地下水井编号	井深/m	温度/℃	氧化还原电位/mV	pH	导电度/(μs/cm)	溶氧/(mg/L)	Ca 浓度/(mg/L)	Mg 浓度/(mg/L)	Na 浓度/(mg/L)	K 浓度/(mg/L)	Fe 浓度/(mg/L)	As 浓度/(μg/L)
1	95	26.8	−92	6.97	1035	0.08	111.6	55.5	174.8	10.4	0.75	21.6
2	120	26.5	−143	6.93	1074	1.63	72.7	37.3	167.9	9.3	3.64	82.8
3	53	26.1	−114	7.65	1402	0.02	26.2	21.3	399.2	16.5	0.15	84.3
4	140	26.6	33	7.50	622	0.08	33.1	21.6	130.9	9.9	0.06	44.6
5	36	27.0	−106	7.02	430	0.01	112.2	34.0	25.4	3.7	1.45	54.6
6	40	27.3	−90	6.84	539	0.72	71.1	25.0	22.4	2.9	0.43	27.5

13.7.2 以磁性纳米 $CuFe_2O_4$ 移除砷污染的地下水

实验室规模的测试由于实验条件单纯，各参数皆可控制，故常常可得到与理论相符的数据，但应用于实际砷污染地下水的处理时，往往因为许多复杂因素而无法得到预期的处理结果，例如，地下水体中常含有不同的阴离子及阳离子，于进行砷的吸附移除实验时，高浓度的阴、阳离子即可能对吸附效能造成影响。为测试自制铁氧磁体应用于实际地下水处理的效果，吸附的 pH 于中性（6.84~7.65）条件下进行。此外，亦测试纳米级 $CuFe_2O_4$ 应用于酸性环境下地下水处理能力，故将原中性地下水以 0.1 N HNO_3 将 pH 调整至 1.61~3.30。本研究于操作条件为吸附剂 $CuFe_2O_4$ 质量 0.01g，地下水体积 10mL，吸附时间 1h 的情况下，测试处理六口受砷污染的地下水水样，结果发现，不论中性还是酸性吸附环境下，砷的移除效率皆达 91.7%以上（表 13-4），所有地下水水样的砷浓度均可降低至 WHO 所规定的饮用水标准值 10μg/L 以下（最高的砷残余浓度为 7.0μg/L）。此外，虽然 $CuFe_2O_4$ 于酸性环境下（pH<2）有些许铁的溶出，仍然显示纳米级 $CuFe_2O_4$ 吸附材有应用于受砷污染地下水整治的潜力。

表 13-4　以磁性纳米 $CuFe_2O_4$ 移除砷污染的地下水

地下水井编号	吸附 pH	As/(μg/L)		
		吸附前 [a]	吸附后 [b]	吸附移除率/%
1	6.97	21.6	b.d.	100
	3.12	21.6	b.d.	100
	1.61	21.6	b.d.	100
2	6.93	82.8	b.d.	100
	3.23	82.8	b.d.	100
	2.15	82.8	5.6	93.2
3	7.65	84.3	4.6	94.5
	3.18	84.3	b.d.	100
	2.20	84.3	7.0	91.7
4	7.50	44.6	3.2	92.8
	3.30	44.6	b.d.	100
	2.01	44.6	b.d.	100
5	7.02	54.6	b.d.	100
	3.02	54.6	b.d.	100
	2.18	54.6	3.1	94.3
6	6.84	27.5	b.d.	100
	3.11	27.5	b.d.	100
	1.92	27.5	b.d.	100

注：1. 吸附材=0.01 g $CuFe_2O_4$，地下水体积=10mL，吸附温度=25℃，吸附时间=1h。

2. 吸附的 pH 调整至中性（6.84～7.65）及酸性（1.61～3.30）环境来比较砷的吸附移除效能。

a 吸附前的元素浓度。

b 吸附后的元素浓度。

b.d.：低于侦测极限（As：2.3μg/L）。

第14章 污泥产制选择性吸附材的综合评价

本研究利用酸浸出法、化学置换法及铁氧磁体程序成功开发了一套印刷电路板制造业铜污泥资源再利用的技术平台，除了将污泥产制为高效能触媒外（见第三篇），更进一步评估此尖晶石污泥（$CuFe_2O_4$）作为吸附材移除水体中的砷污染效能，不仅将有害事业废弃物转变为一般事业废弃物，同时亦让吸附技术中吸附材的高成本得以降低至几乎零成本，兹将本研究所得成果摘录如下：

1. 完成磁性纳米铁氧磁体基本特性分析

包含以 XRD 确认其生成晶相为 $CuFe_2O_4$（magnetite，JCPDS file number 00-025-0283），并无其他晶相的生成；以超导量子干涉震动磁量仪（SQUID）测得其最大饱和磁化量为 62.52 emu/g；以扫描式电子显微镜（SEM）及粒径分布分析仪观察得知自制铁氧磁体的原始粒径主要分布于 60～120nm 之间，平均粒径则为 80nm。此外，通过实验求得 $CuFe_2O_4$ 的零电位点 pH_{zpc} 为 7.3，这印证了为何在酸性环境中（pH 3.3），砷的吸附效果会优于碱性环境（pH 11.2）。

2. 完成铁氧磁体（$CuFe_2O_4$）吸附砷的最适化研究

包含吸附反应的 pH 优化、吸附材重量及温度效应的探讨。结果发现，在酸性环境下（pH 2～7），纳米级 $CuFe_2O_4$ 吸附材对砷有较佳的吸附移除效能，于不到 5min 的时间内，即可有效地将液相中的五价砷吸附移除达 95%以上，尤其在 pH 3～4 的条件下，吸附移除效率更可达 99.99%以上。温度效应方面，在 25～45℃ 的操作温度区间内，温度的改变对 As（V）的吸附率并无明显效应，提升吸附的温度并无法有效提升 As（V）的吸附移除效能。由等温吸附曲线得知，pH 3.7、pH 7.1、pH 11.2 的饱和吸附量分别可达 45.66mg/g、36.63mg/g 及 15.06mg/g，等温吸附曲线呈 L 形趋势，在 pH 3.7 至 pH 11.2 的操作区间，pH 降低，As（V）的吸附移除效率有明显增加的趋势。此外，由 As K-edge XANES 研究结果发现，被吸附于 $CuFe_2O_4$ 上的五价砷并不会被其晶格内的二价铁还原成更具毒性的三价砷，进而对水体环境产生更大的危害。

3. 五价砷的脱附及 $CuFe_2O_4$ 再生特性测试

本研究测试以常见的六种酸类及盐类作为五价砷的脱附剂，在脱附条件为五价砷初始浓度 10mg/L、温度 25℃、脱附剂浓度 0.1mol/L、$CuFe_2O_4$ 0.05g、脱附剂体积 10mL、脱附时间 30min 的情况下，进行 $CuFe_2O_4$ 的砷脱附测试，结果显示，测试的六种脱附剂的脱附效能以磷酸（H_3PO_4）最佳，磷酸钠（Na_3PO_4）次之，硝酸（HNO_3）最差，脱附效能由大到小排序为 $H_3PO_4 > Na_3PO_4 > H_2SO_4 > Na_2SO_4 > HCl > HNO_3$，其相应之五价砷脱附效率分别为 95.36%、74.17%、63.74%、52.29%、1.97%、0.76%。再生特性测试结果发现，在五价砷初始浓度 500μg/L，温度 25℃、磷酸浓度 0.02mol/L、$CuFe_2O_4$ 0.002 g、磷酸体积 10mL、$CuFe_2O_4$ 吸附时间 30min、磷酸脱附时间 30min 的情况下，连续三次的吸脱附实验发现，于设定的操作环境下，虽然 $CuFe_2O_4$ 随着再生次数的增加对五价砷的吸附移除率有些微降低，但移除效率仍在 93%以上，显示磁性纳米 $CuFe_2O_4$ 具有再生的可行性。

4. 等温吸附曲线及反应动力的求得

本研究是以 Langmuir 等温线及 Freundlich 等温线仿真实验值线性回归结果，所得的吸附平衡参数，不论是 Langmuir model 还是 Freundlich model 皆能描述 $CuFe_2O_4$ 吸附材对五价砷的吸附平衡模式，但以 Langmuir model 有较佳的模拟结果（以 R^2 作为评判标准）。反应动力部分，于吸附条件为 pH3.7，温度 25℃，溶液体积 10mL，$CuFe_2O_4$ 0.01 g 的情况下，铁氧磁体吸附五价砷的反应动力模式是以拟一阶动力模式（pseudo-first-order kinetic model）及拟二阶动力模式（pseudo-second-order kinetic model）来模拟，结果发现，相较于拟一阶动力模式的仿真结果（R^2=0.9034），拟二阶动力模式有较佳的线性仿真结果（R^2=0.9990），说明 $CuFe_2O_4$ 吸附五价砷较适合以拟二阶动力模式表示。

5. 以磁性纳米 $CuFe_2O_4$ 处理受砷污染的地下水

所采集的六口井中砷的浓度范围从 21.6μg/L 至 84.3μg/L，皆高于世界卫生组织（WHO）对砷所规定的饮用水标准值 10μg/L，若不经适当处理，则严重影响民众健康。于操作条件为吸附材 $CuFe_2O_4$ 质量 0.01 g，地下水体积 10mL，吸附时间 1h 的情况下，测试处理六个受砷污染的地下水水样，结果发现，不论于中性（pH 6.84～7.65）还是酸性（pH 1.61～3.30）吸附环境下，砷的移除效率皆达 91.7%以上，所有地下水水样的砷浓度均可降低至 WHO 所规定的饮用水标准值 10μg/L 以下（最高的砷残余浓度为 7.0μg/L）。此外，虽然 $CuFe_2O_4$ 于酸性环境下（pH<2）有些许铁的溶出，仍然显示 $CuFe_2O_4$ 吸附材有应用于受砷污染地下水整治的潜力。

参 考 文 献

奥田胤明，石原敏夫.1984. フエライト法による重金屬廢水の處理.NEC技报，37.

蔡敏行，李伯兴，胡绍华.2002. 含重金属污泥资源化关键技术. 泥渣废弃物资源化技术研讨会
论文集：47-64.

曹进成，刘磊，韩跃新.2014. 废旧电路板中铜的综合利用方法进展. 矿产保护与利用，4：51-53.

陈盛宗，邓乔明.2002. 金属湿式提炼回收（MR3）技术说明. 电路板会刊，17：56-62.

陈文泉.1992. 重金属废水铁氧磁体法处理之基础研究. 台南：台湾成功大学硕士学位论文.

陈元庆，林淙敏，王振丰，等．1996. 印刷电路板至作用硫酸/双氧水蚀刻液的回收处理及其资
源化之现况. 工业污染防治季刊：59.

郭学益，石文堂，李栋.2011. 从电镀污泥中回收镍、铜和铬的工艺研究. 北京科技大学学报，
33：328-333.

黄建元，郭奕伶，刘文华.2000. 国内外印刷电路板业空气污染物管制规范简介. 工业污染防治
报导：152.

黄契儒.1993. 电镀废水铁氧磁体化及前处理研究. 台南：台湾成功大学硕士学位论文.

黄钰轸，杜秋慧，宫敏，等.2003. 实验室重金属废液铁氧磁体化法处理之研究. 第二十八届废
水处理技术研讨会.

金重勋.2002. 软磁技术简介. 实用磁性材料，117-132.

赖进兴.1995. 氧化铁覆膜滤砂吸附过滤水中铜离子之研究. 台北：台湾大学博士学位论文.

李东明，白建峰，毛文雄.2015. 湿法技术处理含金属污泥的研究进展. 上海第二工业大学学报，
32：33-38.

李盼盼，彭昌盛.2010. 电镀污泥中铜和镍的回收工艺研究. 电镀与精饰，32：37-40.

廖启钟，周珊珊，彭淑惠，等.2002. 铜污泥酸化电解回收之研究. 第二十七届废水处理技术研
讨会论文.

廖文祥，李世强，张启答.1997. 印刷电路板制造业建置环境管理系统实例介绍. 工程实务技术
研讨会.

林正雄.2002. 铁氧体软磁材料. 磁性技术手册，133-158.

刘国栋.1992. VOC管制趋势展望. 工业污染防治，48：15-31.

刘国勇，张少军，朱冬梅.2012. 废线路板电子元器件高效拆解熔焊效率影响因素研究. 北京工
业大学学报，38：597-601.

吕庆慧，王壬，杨维钧.1995. 以碳酸铵浸渍回收电镀污泥中铜、镍、锌之研究. 国际工业减废
技术与策略研讨会论文集：605-617.

秦琦，宋干武，吴兆晴，等.2012. PCB行业环境治理之技术需求. 环境工程技术学报，2：456-460.

邵国书，陈松璧，刘腾凌，等.1987. 印刷电路板工厂废水改善实例介绍. 工业污染防治，21：
171-181.

施英隆.2000. 环境化学. 台北：高立出版社.

宋宏凯.1994. 电镀废水铁氧磁体法及其安定性之研究. 台南：台湾成功大学硕士学位论文.

孙嘉福，骆尚廉. 1994. 氧化铁之特性与应用. 自来水会刊杂志，49：47-56.

唐敏注. 1995. 通讯用软磁材料之特性及应用. 工业材料，105：42-50.

童汉清，于湘. 2013. 废弃线路板回收处理技术的研究进展及其应用. 电子测试，9：252-254.

涂耀仁. 2002. 以多段式磁铁化法处理重金属系实验室废液. 高雄：台湾"中山大学"硕士学位论文.

王春花，曾佳娜，林瑞玲. 2013. 电镀污泥中铜和镍的回收. 化工环保，33：531-535.

王娟，张德华. 2013. 废旧电路板资源化研究的进展. 化学世界，12：759-765.

王能诚. 2002. 二氧化碳还原用铁氧磁体触媒之制备及其特性研究. 台南：台湾成功大学博士学位论文.

王月凤. 1995. 重金属离子之铁氧磁体化研究. 台南：台湾成功大学硕士学位论文.

吴海山. 1998. 铁氧磁体化法处理不锈钢酸洗废水. 台南：台湾成功大学硕士学位论文.

吴荣宗. 1989. 工业触媒概论. 台北：黎明书局.

吴婷雅. 2013. 以铁氧磁体触媒焚化处理胶带工业废气之研究. 高雄：台湾高雄应用科技大学硕士学位论文.

吴忠信，骆尚廉，郭昭吟，等. 2003. 酸萃取含铜工业污泥之可行性研究. 重金属污泥减量、减容及资源化关键技术研讨会暨说明会论文集：11-17.

杨玉芬，盖国胜，徐盛明. 2004. 废印刷线路板回收利用的现状与存在的问题. 环境污染与防治，26：193-196.

张航，王佐仑，丁洁，等. 2014. 废旧电路板的回收研究进展. 山东化工，43：54-60.

张健桂. 2002. 以铁氧磁体程序处理含重金属实验室废液之研究. 高雄：台湾"中山大学"硕士学位论文.

张明星，陈俊东，陈海焱，等. 2014. 废弃印刷电路板上电子元器件拆卸新工艺及其机理. 环境工程学报，8：3023-3028.

张晓娇，李挺. 2015. 浅谈印刷电路板拆解技术的研究现状. 绿色科技，1：266-268.

郑武辉，廖锦聪. 1976. 简介铁氧磁体. 工业技术，27：24-32.

郑镇东. 1999. 易磁化的磁性材料-磁蕊材料. 磁性技术手册，3-1～3-10.

智研数据研究中心. 2014. 2015-2020年中国印刷电路板（PCB）市场全景调查与投资战略分析报告.

中国印制电路行业协会. 2010. 中国印制电路行业协会工作专辑. 上海：中国印制电路行业协会.

周全法，尚通明. 2004. 废通讯器材与材料的回收利用. 北京：化学工业出版社.

朱昱学. 2000. 改善电路板工厂废水处理系统降低处理成本. 工业污染防治报导，150：17-20.

1995. 印刷电路板制造业废弃物之回收与处理. 工业污染防治报导，8：1-3.

Afkhami A，Norooz-Asl R. 2009. Removal，preconcentration and determination of Mo（VI）from water and wastewater samples using maghemite nanoparticles. Colloids Surf A：Physicochem，Eng Aspects 346，52-57.

Agelidis T，Fytianos K，Vasilikiotis G. 1988. Lead removal from wastewater by cementation utilising a fixed bed of iron spheres. Environmental Pollution，50：243-251.

Aniz C U. 2011. A study on catalysis by ferrospinels for preventing atmospheric pollution from carbon monoxide. Open Journal of Physical Chemistry，1：124-130.

Baciocchi R，Chiavola A，Gavasci R. 2005. Ion exchange equilibria of arsenic in the presence of high sulphate and nitrate concentrations. Water Sci Technol: Water Supply, 5: 67-74.

Bandyopadhyay G, Fulrath R M. 1974. Processing parameters and properties of lithium ferrites spinel. Journal of the American Ceramic Society, 57: 182-186.

Barrado E, Prieto F, Vega M, et al. 1998. Optimization of the operational variables of a medium-scale reactor for metal-containing wastewater purification by ferrite formation. Water Research, 32: 3055-3061.

Bissen M, Frimmel F H. 2003. Arsenic-a review. Part II. Oxidation of arsenic and its removal in water treatment. Acta Hydrochim Hydrobiol, 31: 97-107.

Bonsdorf G, Langbein H, Knese K. 1995. Investigations into phase formation of $LiFe_5O_8$ from decomposed freeze-dried Li-Fe formats. Materials Research Bulletin, 30: 175-181.

Chao Y F, Lee J J, Wang S L. 2009. Preferential adsorption of 2, 4-dichlorophenoxyacetate from associated binary-solute aqueous systems bymg/Al-NO_3 layered double hydroxides with different nitrate orientations. Journal of Hazardous Materials, 165: 846-852.

Chappell W R, Meglen R R, Moure-Eraso R, et al. 1979. Human health effects ofmolybdenum in drinking water. US EPA report.

Chen C J, Chen C W, Wu M M, et al. 1992. Cancer potential in liver, lung, bladder, and kidney due to ingested inorganic arsenic in drinking water. Br J Cancer, 66: 888-892.

Chen C J, Chuang Y C, Lin T M, et al. 1985. Malignant neoplasms among residents of a blackfoot disease endemic area in Taiwan: High arsenic artesian well water and cancers. Cancer Res, 45: 5895-5899.

Chen C J, Chuang Y C, You S L, et al. 1986. A retrospective study on malignant neoplasms of bladder, lung, and liver in the blackfoot disease endemic area in Taiwan. Br J Cancer, 53: 399-405.

Chen H J, Lee C. 1994. Effect of the type of chelating agent and deposit morphology on the kinetics of the copper-aluminum cementation system. Langmuir, 10: 3880-3886.

Chung J, Li X, Rittmann B E. 2006. Bio-reduction of arsenate using a hydrogen-based membrane biofilm reactor. Chemosphere, 65: 24-34.

Clifford D A. 1999. Ion-exchange and inorganic adsorption, in: Water Quality and Treatment: A Handbook of Community Water Supplies, 5th ed. American Water Works Association, McGraw-Hill, New York.

Cornell R M, Schwertmann U. 1996. The iron oxides: structure, properties, reactions, occurrence and uses. New York: Wiley-VCH.

Cubeiro M L, Fierro J L G. 1998. Selective production of hydrogen by partial oxidation of methanol over ZnO-supported palladium catalysts. Journal of catalysis, 179: 150-162.

Demirel B, Yenigün O, Bekboelet M. 1999. Removal of Cu, Ni, and Zn from wastewaters by the ferrite process. Environ Technol, 20: 963-970.

Djokic S S. 1996. Cementation of copper on aluminum in alkaline-solutions. Journal of the Electrochemical Society, 143: 1300-1305.

Dodbiba G, Fujita T, Kikuchi T, et al. 2011. Synthesis of iron-based adsorbents and their application in the adsorption ofmolybdenum ions in nitric acid solution. Chem Eng J, 166: 496-503.

Donmez B, Sevim F, Sarac H. 1999. A kinetic study of the cementation of copper from sulfate solutions onto a rotation aluminum disc. Hydrometallurgy, 53: 145-154.

Dutta P K, Pehkonen S O, Sharma V K, et al. 2005. Photocatalytic oxidation of arsenic (III): Evidence of hydroxyl radicals. Environ Sci Technol, 39: 1827-1834.

EI-Moselhy M M, Sengupta A K, Smith R. 2011. Carminic acid modified anion exchanger for the removal and preconcentration of Mo (VI) from wastewater. J Hazard Mater, 185: 442-446.

Erdem M, Tumen F. 2004. Chromium removal from aqueous solution by ferrite process. J Hazard Mater, 109: 71-77.

Fang L, Huang Q, Cai P, et al. 2008. Application of XAFS technique in interface absorption of heavy metals. Chin J Appl Environ Biol, 14: 737-744.

Feitknecht W, Gallagher K J. 1970. Mechanisms for the oxidation of Fe_3O_4. Nature, 228: 548-549.

Freundlich H M F. 1906. Ueber die adsorption in loesungen (Adsorption in solution). J Phys Chem, 57: 384-470.

Gholami M M, Mokhtari M A, Aameri A, et al. 2006. Application of reverse osmosis technology for arsenic removal from drinking water. Desalination, 200: 725-727.

Gihring T M, Druschel G K, McCleskey R B, et al. 2001. Rapid arsenite oxidation by Thermus aquaticus and Thermus thermophilus: field and laboratory investigations. Environ Sci Technol, 35: 3857-3862.

Gokon N, Shimada A, Kaneko H, et al. 2002. Magnetic coagulation and reaction rate for the aqueous ferrite formation reaction. Journal of Magnetic Materials, 238: 47-55.

Guaita F J, Beltrán H, Cordoncillo E, et al. 1999. Influence of the precursors on the formation and the properties of $ZnFe_2O_4$. Journal of the European Ceramic Society, 19: 363-372.

Guibal E, Milot C, Tobin J M. 1998. Metal-anion sorption by chitosan beads: equilibrium and kinetic studies. Ind Eng Chem Res, 37: 1454-1463.

Gustafsson J P. 2003. Modellingmolybdate and tungstate adsorption to ferrihydrite. Chem Geol, 200: 105-115.

Hadi P M. Gao P, Barford J P, et al. 2013. Novel application of the nonmetallic fraction of the recycled printed circuit boards as a toxic heavy metal adsorbent. J Hazard Mater, 252-253: 166-170.

Hamada S, Kuma K. 1976. Preparation of γ-FeOOH by aerial oxidation of iron(II)xhloride solution. Bulletin of the Chemical Society of Japan, 49: 3695-3696.

Hansen H K, N'ũnez P, Grandon R. 2006. Electrocoagulation as a remediation tool for wastewaters containing arsenic. Miner Eng, 19: 521-524.

He C, Shen B X, Chen J H. 2014. Adsorption and oxidation of elemental mercury over Ce-MnO$_x$/ Ti-PILCs. Environ Sci Technol, 48: 7891-7898.

Hingston F J, Atkinson R J, Posner A M, et al. 1967. Specific adsorption of anions. Nature, 215: 1459-1461.

Ho Y S, McKay G. 2000. The kinetics of sorption of divalent metals ions onto sphagnum moss peat. Water Res, 34: 735-742.

Huang Y H, Wang S F, Tsai A P, et al. 2015. Catalysts prepared from copper-nickel ferrites for the steam reforming of methanol. Journal of Power sources，281：138-145.

Hwang C S，Wang N C. 2004. Preparation and characteristics of ferrite catalysts for reduction of CO_2. Materials Chemistry and Physics，88：258-263.

Iqbal J，Kim H J，Yang J S，et al. 2007. Removal of arsenic from groundwater by micellar-enhanced ultrafiltration（MEUF）. Chemosphere，66：970-976.

James J S. 1987. Complete catalytic oxidation of volatile organics. Industrial Engineering Chemical Research，26：2165-2180.

Jandova J，Stefanowicz T，Niemczykova R. 2000. Recovery of Cu-concentrates from waste galvanic copper sludges. Hydrometallurgy，57：77-84.

Jiang W J，Cai Q，Xu W，et al. 2014. Cr（Ⅵ）adsorption and reduction by humic acid coated on magnetite. Environ Sci Technol，48：8078-8085.

Johnson M D. 1997. Development of organic assisted magnetite formation for the remediation of metal contaminants. Technical Completion Report.

Kaneko K，Takei K，Tamaura Y，et al. 1979. The formation of the Cd-bearing ferrite by the air oxidation of an aqueous suspension. Bulletin of the Chemical Society of Japan，52：1080-1085.

Kanzaki T，Nakajima J，Tamaura Y，et al. 1981. Formation of Zn-bearing ferrite by air oxidation of aqueous suspension. Bulletin of the Chemical Society of Japan，54：135-137.

Kim D H，Kim K W，Cho J. 2006. Removal and transport mechanisms of arsenics in UF and NF membrane processes. J Water Health，4：215-223.

Kim J，Benjamin M M. 2004. Modeling a novel ion exchange process for arsenic and nitrate removal. Water Res，38：2053-2062.

Kisker C，Schindelin H，Rees D C. 1997. Molybdenum-cofactor-containing enzymes：Structure and mechanism. Annu Rev Biochem，66：233-267.

Kiyama M. 1974. Conditions for the formation of Fe_3O_4 by the air oxidation of $Fe(OH)_2$ suspensions. Bulletin of the Chemical Society of Japan，47：1646-1650.

Kiyama M. 1978. The formation of manganese and cobalt ferrites by the air oxidation of aqueous suspensions and their properties. Bulletin of the Chemical Society of Japan，51：134-138.

Kodama T，Wada Y，Yamamoto T，et al. 1995. CO_2 decomposition to carbon by ultrafine Ni（Ⅱ）-bearing ferrite at 300℃. Materials Research Bulletin，30：1039-1048.

Kosson D，Sanchez F，Kariher P，et al. 2009. Characterization of coal combustion residues from electric utilities-leaching and characterization data. Technical report prepared for the US EPA.

Ku Y，Chen C H. 1992. Removal of chelated copper from wastewaters by iron cementation. Industrial & Engineering Chemistry Research，31：1111-1115.

Ku Y，Wu M H，Shen Y S. 2002. Mercury removal from aqueous solutions by zinc cementation. Waste Management，22：721-726.

Kumar P R，Chaudhari S，Khilar K C，et al. 2004. Removal of arsenic from water by electrocoagulation. Chemosphere，55：1245-1252.

Lagergren S. 1898. Zur Theorie der sogenannten Adsorption geloester Stoffe. Kungliga Svenska Vetenskapsakademiens Handligar，24：1-39.

Langmuir I. 1918. The adsorption of gases on plane surfaces of glass，Mica and Platinum. J Am Chem

Soc，40：1361-1368.

Leupin O X，Hug S J. 2005. Oxidation and removal of arsenic（III）from aerated groundwater by filtration through sand and zero-valent iron. Water Res，39：1729-1740.

Li Y H，Di Z，Ding J，et al. 2005. Adsorption thermodynamic，kinetic and desorption studies of Pb^{2+} on carbon nanotubes. Water Res，39：605-609.

Lian J J，Xu S G，Yu C W，et al. 2012. Removal of Mo（VI）from aqueous solutions using sulfuric acid-modified cinder：Kinetic and thermodynamic studies. Toxico. Environ Chem，94：500-511.

Lin M C，Liao C M，Liu C W，et al. 2001. Bioaccumulation of arsenic in aquacultural large-scale mullet Liza macrolepis from the blackfoot disease area in Taiwan. Bull Environ Contamin Toxicol，67：91-97.

Liu C W，Jang C S，Liao C M. 2004. Evaluation of arsenic contamination potential using indicator kriging in the Yun-Lin aquifer（Taiwan）. Science of the Total Environment，321：173-188.

Liu J F，Zhao Z S，Jiang G B. 2008. Coating Fe_3O_4 magnetic nanoparticles with humic acid for high efficient removal of heavy metals in water. Environ Sci Technol，42：6949-6954.

Liu Z，Zhang F S，Sasai R. 2010. Arsenate removal from water using Fe_3O_4-loaded activated carbon prepared from waste biomass. Chemical Engineering Journal，160：57-62.

Lopez-Delgado A，Lopez F A. 1999. Synthesis of nickel-chromium-zinc ferrite powders from stainless steel pickling liquors. Journal of Materials Research，14：3427-3432.

Lou J C，Tu Y J. 2005. Incinerating volatile organic compounds with ferrospinel catalyst $MnFe_2O_4$：an example with isopropyl alcohol. Journal of the Air & Waste Management Association，55：1809-1815.

Ma Z Y，Guan Y P，Liu H Z. 2005. Synthesis and characterization of micron-sized monodisperse superparamagnetic polymer particles with amino groups. J Polym Sci Polym Chem，43：3433-3439.

Mandaokar S S，Dharmadhikari D M. 1994. Retrieval of heavy metal ions from solution via ferritisation. Environmental Pollution，83：277-282.

Mathew T，Rao B S，Gopinath C S. 2004. Tertiary butylation of phenol on $Cu_{1-x}Co_xFe_2O_4$：Catalysis and structure-activity correlation. Journal of Catalysis，222：107-116.

Matyi R J，Schwartz L H，Butt J B. 1987. Particle size，particle size distribution，and related measurements of supported metal catalysts. Catalysis Reviews：Science and Engineering，29：41-99.

McCurrie R A. 1994. Ferromagnetic materials structure and properties. San Diego：Academic Press Inc.

Mehmet E，Fikret T. 2004. Chromium removal from aqueous solution by the ferrite process. Journal of Hazardous Materials，109：71-77.

Meng X G，Korfiatis G P，Bang S，et al. 2002. Combined effects of anions on arsenic removal by iron hydroxide. Toxicol Lett，133：103-111.

Micheli A. 1970. Preparation of lithium ferrite by coprecipitation. IEEE Transactions on Magnetics，6：606-608.

Mishra R，Biest O O V D，Thomas G. 1978. Materials loss and high temperature phase transition in lithium ferrite. Journal of the American Ceramic Society, 61: 121-126.

Mohan D, Pittman C U. 2007. Arsenic removal from water/wastewater using adsorbents-A critical review. Journal of Hazardous Materials, 142: 1-53.

Nakashima Y, Inoue Y, Yamamoto T, et al. 2012. Determination ofmolybdate in environmental water by ion chromatography coupled with a preconcentration method employing a selective chelating resin. Anal Sci, 28: 1113-1116.

Namasivayam C, Prathap K. 2006. Uptake ofmolybdate by adsorption onto industrial solid waste Fe (III) /Cr (III) hydroxide: Kinetic and equilibrium studies. Environ Technol, 27: 923-932.

Namasivayam C, Sangeetha D. 2006. Removal ofmolybdate from water by adsorption onto $ZnCl_2$ activated coir pith carbon. Bioresour Technol, 97: 1194-1200.

Nguyen H H, Tran T, Wong P L M. 1997. A kinetic study of the cementation of gold from cyanide solutions onto copper. Hydrometallurgy, 46: 55-69.

Ning R Y. 2002. Arsenic removal by reverse osmosis. Desalination, 143: 237-241.

Nishamol K, Rahna K S, Sugunan S. 2004. Selective alkylation of aniline to N-methyl aniline using chromium manganese ferrospinels. Journal of Molecular Catalysis A: Chemical, 209: 89-96.

Nosier S A, Sallam S A. 2000. Removal of lead ions from wastewater by cementation on a gas-sparged zinc cylinder. Separation and Purification Technology, 18: 93-101.

Nurul A M, Satoshi K, Taichi K, et al. 2006. Removal of arsenic in aqueous solutions by adsorption onto waste rice husk. Ind Eng Chem Res, 45: 8105-8110.

Oliver S A, Vittoria C. 1994. Magnetic and structural properties of laser deposited lithium ferrite films. IEEE Transactions on Magnetics, 30: 4933-4935.

Ona-Nguema G, Morin G, Wang Y, et al. 2010. XANES evidence for rapid Arsenic (III) oxidation at magnetite and ferrihydrite surfaces by dissolved O_2 via Fe^{2+}-mediated reactions. Environ Sci Technol, 44: 5416-5422.

Parga J R, Cocke D L, Valenzuela J L, et al. 2005. Arsenic removal via electrocoagulation from heavy metal contaminated groundwater in La Comarca LaguneraM'exico. J Hazard Mater, 124: 247-254.

Parsons J G, Lopez M L, Peralta-Videa J R, et al. 2009. Determination of arsenic (III) and arsenic (V) binding to microwave assisted hydrothermal synthetically prepared Fe_3O_4, Mn_3O_4, and $MnFe_2O_4$ nanoadsorbents. Microchemical Journal, 91: 100-106.

Perez O P, Umetsu Y, Sasaki H. 1998. Precipitation and densification of magnetic iron compounds from aqueous solution at room temperature. Hydrometallurgy, 50: 223-242.

Pierson W R, Gertler A W, Bradow R L. 1990. Influence of tetragonal distortion on magnetic and magneto-optical properties of copper ferrite films. Journal of Physics and Chemistry of Solids, 61: 863-867.

Pope D, Walker D S, Moss R L. 1976. Evaluation of cobalt oxide catalysts for the oxidation of low concentration of organic compounds. Atmospheric Environment, 10: 951-956.

Rieck J S. 1990. Catalyst and metal ferrites for reduction of hydrogen sulfide emissions from automobile exhaust, US patent. Publication number: US 4916105 A.

Rietra R P J J, Hiemstra T, Van Riemsdijk W H. 1999. The relationship between molecular structure and ion adsorption on variable chargeminerals. Geochim Cosmochim Acta，63：3009-3015.

Ritter J J，Maruthamuthu P. 1995. Synthesis of $NiFe_2O_4$ by a metal-organo method. Journal of Materials Synthesis and Processing，3：331-337.

Rocca F，Kuzmin A，Mustarelli P，et al. 1999. XANES and EXAFS at Mo K-edge in $(AgI)_{1-x}$ $(Ag_2MoO_4)_x$ glasses and crystals. Solid State Ion，121：189-192.

Sahai N，Sverjensky D A. 1997. Evaluation of internally consistent parameters for the triple-layer model by the systematic analysis of oxide surface titration data. Geochimica et Cosmochimica Acta，61：2801-2826.

Sciban M，Radetic B，Kevresan Z，et al. 2007. Adsorption of heavy metals from electroplating wastewater by wood sawdust. Bioresour Technol，98：402-409.

Sepehrian H，Waqif-Husain S，Fasihi J，et al. 2010. Adsorption behavior of molybdenum on modified mesoporous zirconium silicates. Sep Sci Technol，45：421-426.

Sethu V S，Aziz A R，Aroua M K. 2008. Recovery and reutilisation of copper from metal hydroxide sludges. Clean Technologies and Environmental Policy，10：131-136.

Smedley P L，Kinniburgh D G. 2002. A review of source，behavior and distribution of arsenic in natural waters. Applied Geochemistry，17：517-568.

Smiciklas I D，Milonjic S K，Pfendt P，et al. 2000. The point of zero charge and sorption of cadmium（Ⅱ）and strontium（Ⅱ）ions on synthetic hydroxyapatite. Sep Purif Technol，18：185-194.

Spivey J J. 1987. Complete catalytic oxidation of volatile organics. Industrial & Engineering Chemistry Research，26：2165-2180.

Sreekumar K，Mathew T，Mirajkar S P，et al. 2000. A comparative study on aniline alkylation activity using methanol and dimethyl carbonate as the alkylating agents over Zn-Co-Fe ternary spinel systems. Applied Catalysis A：General，201：L1-L8.

Sreekumar K，Sugunan S. 2002. Ferrospinels based on Co and Ni prepared via a low temperature route as efficient catalysts for the selective synthesis of O-cresol and 2, 6-xylenol from phenol and methanal. Journal of Molecular Catalysis A：Chemical，185：259-268.

Stefanowicz T，Osinska M，Stefania N. 1997. Copper recovery by the cementation method. Hydrometallurgy，47：69-90.

Tabuchi M，Ado K，Sakaebe H，et al. 1995. Preparation of $AFeO_2$（A=Li, Na）by hydrothermal method. Solid State Ionics，79：220-226.

Tamaura Y，Katsura T，Rojarayanont S，et al. 1991a. Ferrite process：Heavy metal ions treatment system. Water Science and Technology，23：1893-1900.

Tamaura Y，Tu P Q，Rojarayanont S，et al. 1991b. Stabilization of hazardous materials into ferrites. Water Science and Technology，23：399-404.

Tsai L C，Fang H Y，Lin J H. 2009. Recovery and stabilization of heavy metal sludge（Cu and Ni）from etching and electroplating plants by electrolysis and sintering. Science in China Series B：Chemistry，52：644-651.

Tsuji M，Kodama T，Yoshida T，et al. 1996. Preparation and CO_2 methanation activity of an ultrafine Ni（Ⅱ）ferrite catalyst. Journal of Catalysis，164：315-321.

Tu Y J，Chang C K，You C F，et al. 2010. Recycling of Cu powder from industrial sludge by combined acid leaching, chemical exchange and ferrite process. Journal of Hazardous Materials, 181: 981-985.

Tu Y J, Chang C K, You C F, et al. 2012. Treatment of complex heavy metal wastewater using a multi-staged ferrite process. J Hazard Mater, 209-210: 379-384.

Tu Y J, Chang C K, You C F. 2012. Combustion of isopropyl alcohol using a green manufactured $CuFe_2O_4$. Journal of Hazardous Materials, 229-230: 258-264.

Tu Y J, Lo S C, You C F. 2015. Selective and fast recovery of neodymium from seawater by magnetic iron oxide Fe_3O_4. Chem Eng J, 262: 966-972.

Tu Y J, You C F, Chang C K, et al. 2012. Arsenate adsorption from water using a novel fabricated copper ferrite. Chemical Engineering Journal, 198-199: 440-448.

Tu Y J, You C F, Chang C K, et al. 2013. Adsorption behavior of As (III) onto a copper ferrite generated from printed circuit board industry. Chemical Engineering Journal, 225: 433-439.

Tu Y J, You C F, Chang C K, et al. 2013. XANES evidence of arsenate removal from water with magnetic ferrite. J Environ Manage, 120: 114-119.

Tu Y J, You C F, Chang C K, et al. 2014. XANES evidence ofmolybdenum adsorption onto novel fabricated nano-magnetic $CuFe_2O_4$. Chemical Engineering Journal, 244: 343-349.

Tu Y J, You C F, Chang C K, et al. 2015. Application of magnetic nano-particles for phosphorus removal/recovery in aqueous solution. J Taiwan Inst Chem E, 46: 148-154.

Tu Y J, You C F, Chang C K. 2012. Kinetics and thermodynamics of adsorption for Cd on green manufactured nano-particles. Journal of Hazardous Materials, 235-236C: 116-122.

Tu Y J, You C F, Chang C K. 2013. Conversion of waste Mn–Zn dry battery as efficient nano-adsorbent for hazardous metals removal. J Hazard Mater, 258-259: 102-108.

Tu Y J, You C F, Chen Y R, et al. 2015. Application of recycled iron oxide for adsorptive removal of strontium. Journal of the Taiwan Institute of Chemical Engineers, 53: 92-97.

Tu Y J, You C F. 2014. Phosphorus adsorption onto green synthesized nano-bimetal ferrites: equilibrium, kinetic and thermodynamic investigation. Chemical Engineering Journal, 251C: 285-292.

Velixarov S, Crespo J G, Reis M A. 2004. Removal of inorganic anions from drinking water supplies by membrane bio/process. Rev Environ Sci Biotechnol, 3: 361-380.

Wang S L, Liu C H, Wang M K, et al. 2009. Arsenate removal from water bymg/Al-NO_3 layered double hydroxides with varying themg/Al ratio. Applied Clay Science, 43: 79-85.

Wang S, Mulligan C N. 2006. Occurrence of arsenic contamination in Canada: 3127 sources, behavior and distribution. Sci Total Environ, 366: 701-721.

Wang W, Xu Z, Finch J. 1996. Fundamental study of an ambient temperature ferrite of acidmine drainage. Environmental Science Technology, 30: 2604-2608.

Wang X, Zhao C, Zhao P, et al. 2009. Gellan gel beads containing magnetic nanoparticles: An effective biosorbent for the removal of heavy metals from aqueous system. Bioresource Technology, 100: 2301-2304.

Wei W Y, Lee C, Chen H J. 1994. Modeling and analysis of the cementation process on a rotation disk. Langmuir, 110: 1980-1986.

Weng Y H, Chaung-Hsieh L H, Lee H H, et al. 2005. Removal of arsenic and humic substances(HSs) by electro-ultrafiltration (EUF). J Hazard Mater, 122: 171-176.

Wickramasinghe S R, Han B, Zimbron J, et al. 2004. Arsenic removal by coagulation and filtration: comparison of groundwaters from the United States and Bangladesh. Desalination, 169: 231-244.

Winkler G. 1971. Magnetic properties of materials. Smit J (ed.), New York: McGraw-Hill.

Xia Y, Armstrong T, Prado F, et al. 2000. Sol-gel synthesis, phase relationships, and oxygen permeation properties of $Sr_4Fe_{6-x}Co_xO_{13+\delta}$ ($0 \leqslant x \leqslant 3$). Solid State Ionics, 130: 81-90.

Xu N, Christodoulatos C, Braida W. 2006. Adsorption ofmolybdate and tetrathiomolybdate onto pyrite and goethite: Effect of pH and competitive anions. Chemosphere, 62: 1726-1735.

Yamanobe Y, Yamaguchi K, Matsumoto K, et al. 1991. Magnetic properties of sodium-modified iron-oxide powders synthesized by sol-gel method. Japanese Journal of Applied Physics, 30: 478-483.

Yantasee W, Warner C L, Sangvanich T, et al. 2007. Removal of heavy metals from aqueous systems with thiol functionalized superparamagnetic nanoparticles. Environ Sci Technol, 41: 5114-5119.

Zelazny L M, Baligar V C, Ritchey K D, et al. 1997. Ion strength effects on sulfate and phosphate adsorption on γ-alumina and kaolinite: Triple-Layer Model. J Soil Sci Am, 61: 784-793.

Zhang S, Niu H, Cai Y, et al. 2010. Arsenite and arsenate adsorption on coprecipitated bimetal oxide magnetic nanomaterials: $MnFe_2O_4$ and $CoFe_2O_4$. Chemical Engineering Journal, 158: 559-607.

Zhang Y, Yang M, Huang X. 2003. Arsenic(V)removal with a Ce(IV)-doped iron oxide adsorbent. Chemosphere, 52: 945-952.

Zhou R X, Jiang X Y, Mao J X, et al. 1997. Oxidation of carbon monoxide catalyzed by copper-zirconium composite oxides. Applied Catalyst A: General, 162: 213-222.